LE GRAND RÉCIT CHINOIS

Victor Louzon

LE GRAND RÉCIT CHINOIS

L'invention d'un destin mondial

Tallandier
ESSAIS

Cartes : Légendes cartographie/Éditions Tallandier, 2023

48, rue du Faubourg-Montmartre – 75009 Paris
www.tallandier.com

Repères chronologiques

Dynastie Shang (vers 1600-1046 av. J.-C.)
Monarchie antique des Zhou (1046-256 av. J.-C.)
Zhou occidentaux (1046-711 av. J.-C.)
Zhou orientaux (711-256 av. J.-C.), formation de puissants États rivaux, composition des Classiques
Période des Printemps et Automnes (vers 711-début du Ve siècle av. J.-C.)
Confucius (dates conventionnelles 551-479 av. J.-C.)
Période des royaumes Combattants (début du Ve siècle-221 av. J.-C.)
Fondation de l'empire par Qin Shihuangdi 221 av. J.-C.
Dynastie Qin 221-207 av. J.-C.
Dynastie des Han occidentaux 202 av. J.-C.-9 ap. J.-C.
Empire Xiongnu, vers 209 av. J.-C.-vers 83 ap. J.-C.
Empereur Wu des Han (141-87 av. J.-C.), expansion militaire en Asie
Mission de Zhang Qian 138-126 av. J.-C.
Dynastie des Han orientaux 25-220
IIIe siècle-fin du VIe siècle : fragmentation de l'empire Qin-Han, aristocraties militaires turco-chinoises dans le bassin

du fleuve Jaune, intensification des échanges avec l'Asie centrale, diffusion du bouddhisme en Chine

399 : le moine Faxian part pour l'Inde

Fin du IVe siècle : le bouddhisme entre dans la péninsule coréenne *via* la Chine

Vers 440-534 : la dynastie tabghatch des Wei du Nord unifie le bassin fleuve Jaune

Dynasties Sui et Tang 589-907, l'empire retrouve son extension de l'époque Qin-Han, influence turco-mongole dans l'élite dirigeante

VIIe siècle : les Tang détruisent l'empire des Turcs orientaux et étendent leur protectorat sur une partie de l'Asie centrale

626-645 : voyage de Xuanzang

755-763 : révolte d'An Lushan, affaiblissement décisif des Tang et de leur présence en Asie centrale

Début du VIIe siècle : l'État du Yamato (Japon) lance une politique d'emprunts massifs à la Chine des Tang

Dynastie des Song du Nord (960-1127)

Vers l'an 1000 : présence au nord des Xi Xia et des Liao, empires semi-nomades sinisés

1005 : les Song concluent la paix de Shanyuan avec les Liao, reconnaissant leur égalité de statut

1127 : la dynastie des Jin, empire Jürchen sinisé, finit la conquête de la Chine du Nord

Dynastie des Song du Sud (1127-1279)

935-1392 : dynastie Koryo en Corée, adoption d'un système d'examens impériaux sur le modèle des Song

1271 : fondation de la dynastie Yuan par Koubilaï Khan

1279 : les Mongols, qui ont mis fin à la dynastie Jin au nord, détruisent ce qui reste de la dynastie Song au sud.

Dynastie des Yuan (1279-1368), incorporation de la Chine à l'empire mongol

1279-1294 : règne de Koubilaï Khan, qui demande l'allégeance des États environnants (échec au Japon)

Dynastie des Ming (1368-1644), ethniquement chinoise, expulsion des Mongols

XVe-XVIe siècles : construction de la Grande Muraille actuelle

1402-1424 : règne de l'empereur Yongle, expéditions militaires en Mongolie et au Vietnam

1405-1433 : voyages de Zheng He

1449 : défaite Ming face aux Mongols à Tumu, coup d'arrêt à l'expansionnisme Ming

1525 : première « interdiction des mers » par les Ming (intermittente jusqu'à la fin des années 1630)

1555 : les Portugais acquièrent Macao

1570 : les Espagnols prennent Manille

1583 : Matteo Ricci arrive en Chine

1592 : invasion japonaise de la Corée, guerre avec les Ming

1624 : les Hollandais s'implantent à Taïwan

1636 : création de la dynastie mandchoue sinisée des Qing, qui contrôle la Mandchourie et la Mongolie intérieure. Ses incursions s'étendent au sud de la Grande Muraille

Dynastie des Qing (1644-1912), la Chine devient le cœur d'un empire sino-mandchou

1683 : annexion de Taïwan

1689 : traité de Nertchinsk avec la Russie

1697 : mise sous tutelle définitive de la Mongolie extérieure

1756-1757 : extermination des Dzoungars
1767-1771 : expédition militaire en Birmanie
1768 : annexion du Xinjiang
1788-1789 : expédition militaire au Vietnam
1791-1792 : expédition militaire au Népal ; mise sous tutelle définitive du Tibet
1839-1842 : première Guerre de l'opium ; traité de Nankin, annexion britannique de Hong Kong
1851-1864 : révolte des Taiping, la dynastie Qing manque de tomber
1856-1860 : deuxième Guerre de l'opium ; traité de Tianjin et convention de Pékin
1861 : création du *Zongli yamen*
1866-1877 : révolte musulmane du Nord-Ouest
1884-1885 : guerre franco-chinoise pour le Tonkin
1894-1895 : défaite face au Japon ; Taïwan devient une colonie japonaise ; rupture de la relation tributaire avec la Corée
1897-1899 : pic de l'impérialisme européen en Chine, multiplication des concessions et territoires à bail
1900-1901 : révolte des Boxeurs et guerre contre « les puissances »
1901-1911 : Nouvelles Politiques ; la Chine adopte le modèle occidental moderne de relations internationales et renonce à ses dernières relations tributaires
1911-1912 : révolution républicaine, délitement de l'empire, Mongolie extérieur et Tibet déclarent leur indépendance

République de Chine (1912-1949)

1919 : transfert au Japon des possessions allemandes en Chine, mouvement du 4 mai

Années 1920 : le gouvernement renégocie une partie des « traités inégaux » du XIXe siècle

1927-1928 : le Kuomintang de Sun Yat-sen prend le pouvoir à l'échelle nationale

1931-1932 : invasion japonaise de la Mandchourie ; création de l'État fantoche du Mandchoukouo

1937 : juillet, invasion japonaise de la Chine orientale, guerre généralisée ; Front Uni entre le Kuomintang et le Parti communiste

1941 : 8 décembre, entrée en guerre des États-Unis contre le Japon

1943 : conférence du Caire

1945 : 3 septembre, capitulation du Japon ; retour de la Mandchourie et de Taïwan à la Chine

1946-1949 : guerre civile entre le Kuomintang et le Parti communiste

1949 : victoire communiste ; le Kuomintang se réfugie à Taïwan

République populaire de Chine (1949-...)

1949 : début de l'aide chinoise au Vietminh

1950 : traité d'alliance avec l'URSS

1951 : incorporation du Tibet

1950-1953 : guerre de Corée

1954 : classification des « minorités nationales » ; établissement des régions autonomes

1955 : conférence de Bandung

Vers 1960 : rupture sino-soviétique ; la RPC se pose en cheffe de file de la révolution mondiale, en particulier dans le Tiers-Monde

1959 : révolte tibétaine

1962 : guerre sino-indienne

1969 : heurts frontaliers avec l'URSS
1971 : la RPC remplace la République de Chine à l'ONU
1972 : rapprochement sino-américain ; fin officieuse de la diplomatie révolutionnaire chinoise
1978-1979 : guerre sino-vietnamienne
1979 : début des réformes de Deng Xiaoping ; normalisation sino-américaine ; « Taiwan Relations Act »
1981 : 2e résolution sur l'histoire du Parti communiste
1986 : naissance du Parti démocrate progressiste à Taïwan
1989-1992 : mouvement de la place Tian'anmen ; recentrage nationaliste du discours du Parti communiste chinois
1995-1996 : crise dans le détroit de Taïwan
1997 : rétrocession de Hong Kong à la Chine
1999 : rétrocession de Macao à la Chine
2001 : entrée de la Chine à l'OMC
2008 : crise financière mondiale
2012 : arrivée de Xi Jinping au pouvoir
2021 : centenaire du Parti communiste ; 3e résolution sur l'histoire du Parti communiste

Introduction

Un grand récit pour une grande puissance

Les ambitions mondiales de la puissance chinoise ne font plus aucun doute depuis l'arrivée au pouvoir de Xi Jinping en 2013. L'ère de la prudence stratégique choisie par Deng Xiaoping au moment de lancer ses réformes en 1979, souvent résumée par sa formule « cacher ses talents et parvenir à ses fins » (*taoguang yanghui, you suo zuo wei*), est révolue. Le Parti communiste chinois[1] affiche sa volonté de réformer un ordre international dominé par l'« Occident » (terme qui en Chine, désigne surtout les États-Unis) depuis la fin de la Seconde Guerre mondiale. La rivalité sino-américaine est désormais ouverte, et de plus en plus équilibrée sur les plans économique, technologique et même militaire. L'Union européenne s'est éveillée assez tard à cette nouvelle réalité. Ses responsables s'accordent depuis 2019 pour dire que la Chine est non seulement un partenaire, mais aussi un concurrent économique et un « rival systémique ». On peut trouver la formule encore trop charitable pour l'Europe, qui reste un pôle du capitalisme mondial mais se montre bien incapable de convertir sa richesse en puissance au même titre que les deux super-grands, et peine à trouver sa place dans leurs relations de plus en plus tendues. La pandémie n'a fait qu'accentuer ce malaise, les opinions semblant avoir pris la mesure des liens d'interdépendance (et souvent de dépendance) qui nous unissent à Pékin, sans que l'alliance inégale avec Washington soit défaite pour autant – l'invasion de l'Ukraine par la Russie en février 2022 n'ayant fait que renforcer cette asymétrie. L'Europe « géopolitique » souhaitée par Emmanuel Macron ou Ursula von der Leyen reste à ce jour un vœu pieux.

Est-ce un symptôme de leur impuissance relative ? Les Européens ont cessé de produire à leur propre sujet de « grands récits », lectures globalisantes de l'Histoire donnant sens à leur action et à leur place dans le monde[2]. Les causes de cette stérilité sont multiples et bien connues : le choc moral de la Seconde Guerre mondiale ; la difficulté à concilier construction européenne, mémoire nationale et un discours incluant les populations d'origine extra-européenne ; l'incrédulité postmoderne à l'endroit d'un « sens de l'Histoire » ; l'intériorisation de la critique postcoloniale… On sait que l'usine à grands récits se porte mieux – malgré tout – aux États-Unis, société plus récente, plus explicitement définie par un projet de portée universelle, et jouissant surtout d'une suprématie encore nette dans les domaines financier, culturel et militaire. Toutefois, fait plus surprenant pour nous, elle tourne aussi à plein régime à Pékin, où l'on insiste, en particulier depuis l'arrivée au pouvoir de Xi Jinping, sur la nécessité de « bien raconter les choses du point de vue chinois » (*jiang hao Zhongguo de gushi*). Les choses, c'est-à-dire l'histoire avec un petit *h* (c'est le sens de *gushi*), mais aussi l'Histoire avec un grand *H*.

Dans cette formule, il faut entendre à la fois confiance et frustration. Confiance d'un pays conscient d'être devenu une puissance de premier plan et dont l'élite dirigeante défend le modèle politique et économique, jugé supérieur à celui d'un Occident libéral déclinant ; frustration de voir la Chine gagner en impopularité aux États-Unis, en Europe et chez ses voisins sud-coréen et japonais – l'intransigeance du pays dans les contentieux régionaux, l'érosion des libertés hongkongaises, l'ampleur de la répression au Xinjiang, l'hostilité de Washington et, bien sûr, la pandémie de Covid-19 sont passées par là. Le tableau est certes très différent parmi les pays en développement et les mécontents de l'ordre international actuel (Russie, Iran...), où le défi chinois à l'Occident est perçu avec faveur, tout comme les opportunités économiques offertes par la République populaire de Chine[3]. Il reste que même dans ces espaces, la Chine, si elle impressionne par ses réussites, intimide par sa force ou plaît par le simple fait qu'elle n'est pas occidentale, peine à séduire – on ne se précipite pas pour voir les films chinois, et la figure de Xi Jinping ne jouit pas d'une popularité réelle. De ce handicap sur le plan de l'influence culturelle, les dirigeants chinois ont une conscience aiguë, mais ils en rejettent la faute sur l'adversaire ; il s'agit donc pour eux de combattre pied à pied l'hégémonie intellectuelle « occidentale », de regagner, dans le jargon du régime, du « pouvoir discursif à l'international » (*guoji huayuquan*) en n'omettant jamais de présenter les « choses » du point de vue chinois, autrement dit celui des autorités de Pékin.

La maîtrise de l'interprétation de l'Histoire a toujours été un enjeu fondamental pour le pouvoir chinois, plus encore que pour d'autres régimes autoritaires, du fait de son pedigree marxiste-léniniste. Le PCC a pris le pouvoir au nom d'une théorie scientifique des lois du développement historique : le « matérialisme historique », qui interprète l'histoire humaine comme une succession de modes de production économique (esclavagisme, féodalisme, capitalisme...) devant nécessairement aboutir, à terme, au communisme. L'histoire est donc un point particulièrement sensible pour la légitimité du régime, à plus forte raison l'histoire du Parti lui-même, dont l'interprétation orthodoxe fait l'objet de résolutions votées par l'instance dirigeante qu'est le Comité central (il y en a trois, datées respectivement de 1945, 1981 et 2021). Toutefois, si le PCC n'a jamais cessé de chercher à contrôler le récit historique, le contenu de ce dernier a connu des révisions majeures. C'est particulièrement vrai de l'histoire « ancienne » (*gudai*), terme qui désigne en Chine tout ce qui précède la première guerre de l'opium (1839-1842) : rejetée dans les ténèbres du « féodalisme » à l'époque révolutionnaire, elle est depuis les années 1990 célébrée comme un patrimoine glorieux dont le Parti se veut désormais l'héritier et le défenseur plutôt que le fossoyeur. Le PCC réécrit en outre sa propre histoire à l'aune de cet objectif. On peut ainsi lire, dans la résolution sur l'histoire du Parti adoptée en novembre 2021, que « depuis sa fondation en 1921, le Parti communiste chinois ne s'est jamais écarté de son engagement initial et de sa noble mission : œuvrer au bonheur du peuple chinois et au renouveau de la nation chinoise [...], brillante civilisation cinq fois millénaire », précipitée dans une décadence passagère après l'agression impérialiste. Le régime d'historicité[4] ainsi promu n'est plus celui d'un progrès en rupture avec le passé, qu'il soit conçu sur le mode de l'arrachement héroïque à l'ancien régime (la révolution) ou du progrès graduel (la modernisation) ; il est désormais celui d'un progrès qui renouerait avec une longue et brillante histoire, autrement dit la « grande renaissance de la nation chinoise », sans doute le plus employé de tous les slogans mis au point par l'équipe de Xi Jinping. Ce changement de pied est directement lié à l'abandon de l'horizon communiste (l'avènement d'une société sans classes), maintenu sur le papier mais auquel personne ne croit plus depuis longtemps. La légitimité du Parti-État s'est recentrée sur la seule quête de richesse et de puissance nationales. D'où la réhabilitation des valeurs traditionnelles, à commencer par le confucianisme – la tradition intellectuelle des lettrés de l'époque impériale, dont le saint patron est Confucius –, sorti du magasin des « vieilleries » féodales où le maoïsme l'avait consigné et érigé en quintessence de l'identité nationale : quand on crée en 2004 des instituts chargés de faciliter l'apprentissage de la langue et de la culture chinoises dans le monde, c'est sous le patronage de Confucius qu'on les place. Dans le grand récit en cours de cristallisation, toutes les gloires passées de la Chine sont bonnes à prendre.

Un nouvel exceptionnalisme chinois

Ce passé qu'on célèbre aujourd'hui est un passé strictement national. En théorie, le marxisme-léninisme, qui reste en RPC la clé officielle de lecture de l'Histoire, est censé obéir dans tous les pays aux mêmes lois universelles. En pratique, on voit surtout naître – ou renaître – un discours sur une *différence* chinoise irréductible. Dans les années 1980, quand il s'agissait de justifier les réformes, cette différence était conçue comme une dérogation du « socialisme aux couleurs de la Chine » aux étapes attendues de la marche vers le communisme. Dans les années 1990, sans que la formule soit remplacée (elle est toujours en vigueur), un autre terme a fait florès : les *guoqing,* « conditions nationales » censées rendre la Chine particulièrement impropre à l'imposition du modèle occidental (libéralisme économique, démocratie représentative, état de droit) qui croyait triompher en ces temps d'*hubris* post-guerre froide. La prestigieuse université de Tsinghua a d'ailleurs ouvert en 2000 son Centre de recherche sur les conditions nationales. Nous en sommes encore là pour l'essentiel. On joue parfois avec l'idée d'un particularisme non seulement chinois mais régional, qui permet des alliances avec d'autres régimes partageant les « valeurs asiatiques » présumées d'ordre et de hiérarchie, comme celui de Singapour (voir le chapitre 3) ; mais dans l'ensemble, c'est bien la singularité de la Chine qui est défendue.

Rien de moins unique que cette prétention à l'unicité, penchant naturel de tous les narcissismes nationaux. En Chine, elle connaît toutefois, depuis une petite vingtaine d'années, une mutation plus rare et réservée aux grandes puissances. En effet, la nouvelle « confiance en soi » (*zixin*) que le PCC appelle de ses vœux pour la Chine passe, entre autres choses, par une relecture de sa propre histoire à l'aune de ses ambitions mondiales actuelles : les rapports séculaires de la Chine avec le reste du monde sont tenus de préfigurer le rôle planétaire que le pays aspire à jouer au cours du « siècle chinois » qui s'annonce, et qui doit succéder au siècle américain. Xi Jinping déclare ainsi, lors du 19e Congrès du Parti en 2019, qu'il faut « bien raconter au monde l'histoire de la Chine (*Zhongguo lishi de gushi*) [...], lui expliquer clairement les brillantes réalisations de la civilisation chinoise », et surtout « ses contributions majeures à la civilisation mondiale ». Il ne suffit donc pas que la Chine ait toujours été exceptionnelle : il faut encore qu'elle ait toujours entretenu un rapport exceptionnel au monde (exceptionnellement positif, bien sûr). Faute d'un meilleur terme, on peut qualifier ce récit d'*exceptionnaliste*. Communément associé aux États-Unis, le terme d'*exceptionnalisme* renvoie à l'idée que ces derniers sont non pas une nation parmi d'autres, mais une expérience grandeur nature de liberté qui en fait un pays unique, préparé depuis ses origines au rôle prépondérant qu'il occupe dans le monde depuis le début du XXe siècle. Il a également existé, sous d'autres appellations, un exceptionnalisme collectif de l'Europe au temps de son hégémonie, un exceptionnalisme russe, japonais, indien... Depuis une grosse dizaine d'années, plusieurs auteurs identifient un « exceptionnalisme chinois[5] ». Les auteurs chinois qui revendiquent un destin mondial pour leur propre pays, désireux de se démarquer de la puissance hégémonique actuelle, ont quelque réticence à employer l'équivalent exact du terme étatsunien (*liwailun*), bien qu'ils le fassent parfois ; en revanche, on trouve parfois sous leur plume celui de *particularisme* (*teshulun*). Pour prendre un exemple extrême, le penseur néoconfucéen Kang Xiaoguang se félicite, dans un essai de 2004 intitulé « Le particularisme chinois », que « le peuple chinois se considère comme la nation la plus remarquable qui soit ; quelles que soient les vicissitudes qu'il traverse, il estime toujours devoir occuper la première place dans le monde. C'est le fondement le plus profond du nationalisme chinois. C'est cette haute idée de soi-même qui a conféré aux élites chinoises le courage et la confiance de refuser la culture occidentale[6] ».

Un universalisme chinois ?

Tout exceptionnalisme qui prétend justifier des ambitions mondiales contient en puissance un paradoxe, et la Chine ne déroge pas à la règle : d'un côté, elle serait un pays unique en son genre ; de l'autre, elle serait porteuse d'une contribution à valeur universelle – de propositions sur l'homme, la société et l'éthique valables toujours et partout. La « prétention chinoise à l'universalité[7] » doit être replacée dans un temps long, même si elle a beaucoup muté. Les élites de la monarchie antique des Zhou (vers 1046-256 av. J.-C.), matrice de la civilisation chinoise, tout comme celles de l'époque impériale (de l'unification de l'empire par la dynastie Qin en 221 av. J.-C. jusqu'à la proclamation de la république en 1912) ont rarement conçu d'autres manières que la leur d'être civilisé, et même pleinement humain. Les Classiques, ouvrages de l'Antiquité dont la rédaction ou la compilation sont traditionnellement attribuées à Confucius, exaltaient les « rites » (*li*). Or ces derniers, transmis et raffinés par une longue tradition lettrée, n'ont jamais été considérés comme une particularité culturelle chinoise mais plutôt comme des règles de comportement social, éthique et politique universellement valables. Ces règles étaient donc vouées à gagner les barbares qui entouraient la Chine ; quant aux étrangers irréductibles, il valait mieux les tenir à distance ou n'entrer en rapport avec eux que sur un mode inégal, au moins sur le plan protocolaire. L'universalisme confucéen était donc « concentrique » : il ne pouvait rayonner qu'à partir d'un seul centre civilisationnel, mais aussi politique, puisque l'empereur, en tant que Fils du Ciel, assurait le lien entre l'ordre du cosmos et le monde des hommes en propageant les rites autour de lui. La propagation de la bonne manière de vivre ne pouvait donc passer par sa réplication dans un autre pays – on ne pouvait adopter les véritables rites sans se soumettre à l'empereur… ou le défier. Pas d'universalité sans centralité.

Ce schéma idéologique n'a jamais correspondu à la réalité des rapports entre la Chine et le monde extérieur. Il n'en a pas moins marqué l'imaginaire politique chinois sur un temps très long, des premiers siècles avant notre ère jusqu'au XIXe siècle de la nôtre, quand l'affaiblissement de la Chine le rendit trop manifestement obsolète. Les quelques penseurs qui essayèrent de donner une nouvelle vie à l'universalisme confucéen pendant la guerre froide le firent en rompant avec la prétention chinoise à la centralité et tentèrent de faire de la tradition confucéenne un patrimoine que le monde entier pouvait s'approprier, dans un enrichissement réciproque des civilisations. Ils restèrent toutefois minoritaires, et ne furent actifs qu'aux marges du monde chinois, à Hong Kong, Taïwan, Singapour ou dans la diaspora d'Amérique du Nord. La situation les y contraignait, le continent étant tenu par un régime communiste alors résolument anti-confucéen et porteur d'un message universel concurrent. En effet, le communisme révolutionnaire, bien qu'il ait toujours eu partie liée avec le nationalisme en Chine, n'en restait pas moins un universalisme, polycentrique et non concentrique cette fois, puisqu'il prétendait répliquer un modèle (le socialisme de type soviétique) et bâtir des solidarités internationales dont l'horizon à (très) long terme était l'unification complète du genre humain.

Après une phase intensément « particulariste » dont l'apogée a été les années 1990, on assisterait donc, en Chine, à une forme de retour à de très anciennes prétentions universelles. Gardons-nous toutefois des analogies. Les échos – tant avec la période impériale qu'avec la période maoïste – sont assez superficiels, ne serait-ce que parce que la RPC n'aspire plus vraiment à exporter son système ou son idéologie. La notion même de « valeurs universelles » (*pushi jiazhi*) y est officiellement condamnée comme le faux nez d'un entrisme idéologique occidental. Il est de toute manière difficile d'imaginer ce que serait un « modèle chinois » (*Zhongguo moshi*) transposable (hormis peut-être dans des pays comme le Vietnam ou la Corée du Nord), tant l'état actuel du pays est le produit d'une trajectoire singulière de demi-sortie du communisme. On peut tout juste parler d'une « manière chinoise » (*Zhongguo fangshi*), comme on parle d'une manière en peinture, qui associerait régime autoritaire, capitalisme d'État et espace public étroitement contrôlé.

À cet égard, le « rêve chinois » (*Zhongguo meng*), slogan mis en avant par Xi Jinping lors de son accession au pouvoir en 2012, n'est pas l'équivalent du « rêve américain » dont il emprunte le nom, ni d'ailleurs de sa version européenne. Les étrangers ne peuvent en bénéficier ni par acculturation (on ne se « sinise » pas comme on s'américanise), ni par imitation des institutions chinoises, ni par émigration – la Chine reste très fermée à l'immigration, plus encore à l'asile, et attachée à une conception de la nationalité fondée sur le droit du sang qui rend la naturalisation presque impossible. Le rêve chinois ne peut être que celui des Chinois, il est « le rêve de la nation et celui de chaque Chinois », pour reprendre les termes d'un discours de Xi Jinping de mars 2013. Au reste du monde, il promet la « communauté de destin pour l'humanité » (*renlei mingyun gongtongti*, expression ajoutée au préambule de la Constitution en 2018), soit une coopération « gagnant-gagnant », dans le respect de l'égalité et de la souveraineté de chaque pays, pour résoudre les problèmes qui se posent à l'échelle du globe.

À la recherche d'un contre-modèle

C'est cette idée de bénéfice mutuel que le grand récit chinois projette dans le temps long – dans le temps très long même, car il se pare du prestige de l'ancienneté : en opposition consciente à celui de Washington, il va chercher ses références loin dans le passé, bien avant le début de l'expansion européenne. Cette narration ne se présente pas comme un fil continu, elle renvoie plutôt à une série de mythes historiques globalement convergents. Le terme de *mythe* ne doit pas faire imaginer une pure fiction : comme tous les usages politiques du passé, l'exceptionnalisme chinois mobilise des faits (certains tout à fait réels, certains plus ou moins déformés) et les met en ordre en fonction des besoins présents.

Il ne faut pas non plus se figurer un pilotage entièrement centralisé de ce récit – les résolutions sur l'histoire du Parti concernent surtout le XXe siècle, et si elles exercent une influence décisive, elles sont loin d'avoir entièrement déterminé la manière dont on a raconté l'histoire contemporaine dans la Chine post-maoïste ; quant à l'histoire plus ancienne, aucun texte ayant force de loi n'en régit l'écriture. Toutefois, la tendance est nette : l'espace public « embryonnaire et toujours menacé[8] », qui avait connu un développement significatif dans les années 2000, s'est fortement réduit depuis l'accession au pouvoir de Xi Jinping, tandis que la liste des sujets « sensibles », sur lesquels il est risqué d'exprimer un désaccord avec les positions du PCC, continue de s'allonger. Dès 2012, un texte circulant au sein du Parti, parfois appelé « document n° 9 », recommande aux cadres de lutter contre la promotion de la démocratie parlementaire ou de la société civile, mais aussi contre le « nihilisme historique » (la critique de la version officielle de l'histoire contemporaine). Le resserrement du contrôle politique de l'enseignement supérieur est très sensible, y compris dans des domaines en apparence aussi peu sensibles que l'histoire ancienne et médiévale ou l'archéologie[9], tandis que le pouvoir finance généreusement les projets de recherche compatibles avec le récit patriotique promu en interne comme à l'étranger. Le Parti-État dispose d'une gamme importante d'outils de contrôle, du département de la propagande du Comité central aux différentes agences de régulation (et donc de censure) de la presse, des publications et des médias audiovisuels. Il peut également s'appuyer sur des intellectuels partiellement ou totalement acquis à sa cause, ou simplement désireux de penser l'ascension mondiale de leur pays dans des catégories « autochtones » – on assiste par exemple à des efforts pour définir une « école chinoise de relations internationales » puisant à l'histoire propre du pays, sans que le projet soit entièrement téléguidé par Pékin.

On n'a d'ailleurs pas attendu le début du XXIe siècle et Xi Jinping pour faire l'hypothèse d'un modèle de relations internationales proprement chinois. Qu'il nous suffise ici de noter que dans le monde savant, une telle conception se fit jour dès les années 1940 et s'épanouit après la Seconde Guerre mondiale. C'était une coproduction sino-occidentale, puisqu'elle naquit de la collaboration entre des historiens chinois et John K. Fairbank, père de l'histoire de la Chine contemporaine aux États-Unis[10]. Sa forme grossièrement simplifiée, qui a exercé une influence décisive sur l'écriture de l'histoire chinoise pendant plusieurs générations, livre le récit suivant. Avant le XIXe siècle, la Chine n'aurait jamais fait l'expérience de relations avec des égaux. Les invasions « barbares » périodiques ne remettaient pas en cause sa supériorité, puisque les envahisseurs finissaient par s'assimiler à la culture chinoise, dont le primat n'était jamais remise en cause – la Chine conquérait ainsi ses conquérants. À ce titre, elle ne pouvait concevoir de « relations internationales », si l'on entend par là des rapports entre États sinon de même puissance, du moins reconnaissant réciproquement leur égalité symbolique et protocolaire. La relation du centre chinois avec d'autres États, forcément asymétrique, passait par le « tribut » que versaient ces derniers en signe de soumission, fût-elle de pure forme.

Ce modèle de relations extérieures était construit en opposition à l'histoire de l'Europe occidentale, sur deux plans au moins. L'Europe chrétienne se distinguait d'abord de la Chine par la conscience d'une dette envers la culture gréco-romaine et l'héritage biblique : sur le plan de la civilisation, elle ne pouvait prétendre à la même centralité. Ensuite et surtout, elle s'en démarquait par la multiplicité des États, une réalité depuis la chute de l'Empire romain d'Occident (476), devenue définitive dans les consciences avec les traités de Westphalie de 1648 : en mettant fin à la guerre de Trente Ans, ces derniers avaient acté la fin du rêve impérial d'unité que pouvaient encore caresser Charlemagne (empereur de 800 à 814) ou Charles Quint (empereur de 1520 à 1556). Là où les pouvoirs chinois continuaient à essayer, souvent avec succès, de reconstituer l'espace du premier empire, la fragmentation politique de l'Europe devenait un horizon indépassable. Les usages diplomatiques nés de cette pluralité (reconnaissance mutuelle, échange d'ambassadeurs...) ne furent introduits en Chine qu'au XIXe siècle et par la force des canonnières européennes, qui contraignirent le vieil empire à abandonner ses prétentions à la centralité (le cœur battant de la civilisation moderne était en Occident) et à l'unicité (la Chine était forcée d'admettre qu'elle n'était qu'un État parmi d'autres). De ce récit très schématique, on retrouve encore plusieurs éléments aujourd'hui, tant dans de grandes synthèses (chinoises comme occidentales) que chez les thuriféraires du nouvel exceptionnalisme chinois. Chez ces derniers, toutefois, le jugement de valeur s'est inversé. Car il ne faut pas s'y tromper : pour les historiens chinois patriotes mais acquis aux idées « modernes » qui travaillaient avec Fairbank, la primauté que revendiquait la Chine impériale relevait d'un aveuglement regrettable, et même dangereux dans l'univers compétitif des États-nations contemporains. Aujourd'hui, elle est souvent source de fierté.

Cet ouvrage se fixe deux objectifs. Premièrement, comprendre le « grand récit » chinois – autrement dit, à la manière dont les dirigeants et des intellectuels chinois puisent aujourd'hui dans un passé idéalisé pour penser le rôle mondial de leur pays. Deuxièmement, retracer à grands traits l'histoire des rapports entre la Chine et le reste du monde connu, afin de donner les moyens d'appréhender cet exceptionnalisme de manière critique. Nous verrons en effet qu'il s'appuie sur des faits réels tout en les distordant ; il tend en particulier à prendre au pied de la lettre l'idéologie des élites politiques et culturelles chinoises, en négligeant la manière dont la Chine est *en pratique* entrée en relation, au fil des siècles, avec les autres contrées. La question est gigantesque et notre propos n'est pas d'être exhaustif. Chaque chapitre commencera par l'évocation d'un mythe historique mobilisé par les tenants du nouvel exceptionnalisme chinois, avant de remonter le temps pour donner un récit de la période à laquelle ce thème fait référence, en s'appuyant sur les travaux des spécialistes. Les chapitres sont agencés de manière à ce que ces périodes forment une trame chronologique, rythmée par des moments décisifs pour la transformation des rapports entre la Chine et le reste du monde.

On abordera donc successivement la naissance des prétentions universelles de la Chine dans l'Antiquité (chapitre 1) ; les routes de la soie (chapitre 2) ; la centralité chinoise en Asie (chapitre 3) ; les voyages maritimes de Zheng He à l'époque moderne (chapitre 4) ; la conquête des régions non-han de la Chine (chapitre 5) ; le « siècle d'humiliation » (chapitre 6) ; le rapport de la culture politique chinoise à la guerre (chapitre 7) ; la dimension internationale du maoïsme (chapitre 8) ; et la question de Taïwan (chapitre 9).

Chapitre premier

La Chine a-t-elle une vocation universelle ? (XIe siècle av. J.-C.–IIe siècle ap. J.-C.)

Dans la résolution sur son bilan historique votée pour son centième anniversaire en novembre 2021, le Comité central du PCC a introduit une expression curieusement archaïque, absente des moutures de 1945 et 1981 : il y affirmait se soucier du *tianxia*, rendu par « monde » dans la traduction officielle, mais qui signifie littéralement « [tout] ce qui est sous le Ciel ». Pour un Chinois, ce terme renvoie immédiatement au confucianisme, tradition intellectuelle qui a occupé pendant des siècles une place centrale dans l'idéologie du régime impérial chinois (abattu en 1912) comme de son élite sociale. Cette appropriation, *a priori* peu naturelle pour un parti marxiste-léniniste, vient en réalité couronner un long processus de réhabilitation du confucianisme, commencé dans les années 1980, qui touche tant le pouvoir que la société chinoise. C'est dans ce contexte qu'il faut comprendre l'exhumation par certains intellectuels, dès les années 2000, du « concept oublié » de *tianxia*[1], auquel la résolution de 2021 apporte une consécration officielle. *Tianxia* désigne depuis l'Antiquité l'espace sur lequel le monarque chinois a vocation à exercer sa bienveillante souveraineté – les historiens le traduisent, avec une ambivalence caractéristique, tantôt par « monde », tantôt par « empire ». La notion renvoie donc tout simplement à une prétention chinoise à la monarchie universelle, d'ailleurs fort banale dans l'histoire des empires eurasiatiques : le *princeps* romain se fait représenter avec une orbe à la main à partir de Constantin (324-337), suggérant une ambition universelle que le christianisme ne fera que renforcer ; le calife, successeur du prophète de l'Islam au temporel comme au spirituel, a théoriquement pour horizon la conquête des terres non musulmanes ; le grand chef mongol Temüjin prendra le titre de Gengis Khan, « souverain océanique », c'est-à-dire sans limites. Cependant, la Chine se démarque par la longévité de cette fiction, qui ne prend réellement fin qu'avec l'acceptation officielle de la pluralité irréductible des nations souveraines à la fin du XIXe siècle. Pour nous en tenir à cette comparaison, l'Europe latine avait acté la mort de l'idée de monarchie universelle bien plus tôt, après la paix de Westphalie (1648), qui consacrait sa division religieuse et politique.

Tout cela ne dessine pas un programme très séduisant pour le reste du monde. Ce n'est donc pas en son sens littéral que le terme *tianxia* est réinvesti. Pour ses défenseurs actuels, il est utile comme source d'inspiration dans un effort pour penser le monde avec des catégories tirées du patrimoine conceptuel chinois plutôt qu'occidental. Zhao Tingyang est aujourd'hui le plus célèbre et le plus enthousiaste. Né en 1961, ce philosophe employé par l'Académie chinoise des sciences sociales (grande institution de recherche subordonnée au gouvernement) a publié en 2005 un ouvrage intitulé *Le système* tianxia *: introduction à une philosophie pour des institutions mondiales*, qui a connu un grand écho international et a notamment été traduit en français sous le titre (symptomatiquement édulcoré) *Tianxia, tout sous un même ciel* ; il s'est également livré, pour le lecteur français, à un dialogue avec Régis Debray[2]. Zhao veut voir dans la notion de *tianxia* une ressource pour imaginer un monde qui aurait surmonté la division entre États, entre amis et ennemis, et marcherait ainsi vers l'idéal de la « Grande Unité » (*Datong*). Sa réflexion est indissociable d'un jeu de contrastes avec l'Occident qui aurait toujours, selon lui, développé des conceptions antagoniques (et donc violentes) de la politique internationale, se montrant incapable de penser un système mondial incorporant pacifiquement les différences, dont une planète plus interdépendante que jamais aurait pourtant cruellement besoin. Or la Chine serait, au contraire, prédisposée à le lui fournir. Les rois chinois de l'Antiquité, en particulier, prétendaient régner sur l'ensemble du monde connu à l'époque, mais par l'exemple de leur vertu morale plus que par la coercition, et en laissant une autonomie considérable à leurs vassaux. Le modèle de leur autorité était familial, comme souvent dans la tradition confucéenne : les domaines étaient distincts et de forces diverses, mais liés en un équilibre coopératif sous la régulation paternelle du centre. Ces principes pourraient, dans leurs grandes lignes, être transposés aux États du monde actuel. Le *tianxia* réaliserait ainsi « l'harmonie dans la diversité », et n'exclurait personne.

On voit mal les applications pratiques d'un tel programme, ce que reconnaît d'ailleurs bien volontiers Zhao, qui parle d'utopie. Régis Debray n'a pas de peine à lui opposer qu'il renoue en réalité avec le rêve du XIXe siècle (et bien occidental) d'un « directoire des savants », mais qu'on ne congédie pas les rapports de force d'un simple mot, et qu'il faudra bien à son *tianxia* un centre et les moyens de se maintenir. D'autres penseurs, comme l'économiste Shen Hong ou les tenants d'une « école chinoise de relations internationales », ont tenté de donner au « tianxiaïsme » des contours plus concrets, mais sans résultats très convaincants, comme l'ont d'ailleurs souligné plusieurs intellectuels chinois. En somme, l'utopie du *tianxia* a tout pour servir de vague habillage moral à un projet de puissance. Non que Zhao Tingyang soit directement soumis au pouvoir politique, ce dont il se défend à juste titre. Le succès de son idée en Chine, auprès de penseurs comme de dirigeants, tient à ce qu'elle est compatible avec le bruit de fond idéologique du nouvel exceptionnalisme chinois, et en particulier avec le désir largement répandu d'apporter une réponse proprement chinoise à la question de savoir comment réorganiser un monde interconnecté, une fois tournée la page de la domination occidentale. Mais avant d'être un projet d'avenir pour le monde, l'idéal du *tianxia* repose d'abord sur une lecture tronquée de l'histoire chinoise elle-même. Pour le comprendre, il nous faut remonter le temps, jusqu'à l'époque où naît cette aspiration à la souveraineté universelle.

Légitimité céleste et universalité dans la pensée des Zhou aux Han

Le terme *tianxia* naît à l'époque des rois Zhou, dynastie de l'âge du Bronze qui règne de 1046 à 256 avant notre ère et joue un rôle crucial dans l'histoire de la civilisation chinoise. Le siège du pouvoir des Zhou se trouve dans le bassin du fleuve Jaune, propice à la culture du millet et du blé, berceau des pouvoirs qui s'annexeront progressivement les régions plus méridionales de ce qu'on appelle aujourd'hui la Chine. Certes, la domination qu'ils exercent est relative et limitée dans le temps : la famille royale trône au-dessus d'un réseau de grandes familles alliées ou apparentées, qui règnent presque sans partage sur leurs fiefs ; à partir de 711 av. J.-C., elle perd tout pouvoir réel au profit de ses vassaux. Mais la période Zhou livre à la postérité un legs idéologique majeur. En effet, les premiers grands textes historiques, politiques, poétiques et cosmologiques écrits en chinois, les fameux Classiques, composés dans leur forme actuelle sous les Zhou orientaux (711-256 av. J.-C.), s'appuient largement sur des sources de la fin des Zhou occidentaux (1046-711 av. J.-C.). Une longue et riche tradition intellectuelle, dont la figure tutélaire est Confucius (551-479 av. J.-C.), canonisera ces ouvrages, considérés comme des guides moraux et politiques indiscutables, et fera un âge d'or de la période dont ils portent témoignage. Cette nostalgie est déjà forte chez Confucius, à qui ses successeurs attribueront la compilation des Classiques. Les premiers temps des Zhou lui apparaissent comme un modèle du gouvernement moral, appuyé non sur la violence mais sur les « rites » (*li*). On appelle ainsi les règles qui codifient les relations sociales et politiques, leur confèrent une dimension éthique, font de ceux qui les suivent des êtres civilisés et même des humains authentiques – par exemple, les devoirs que la piété filiale impose envers les parents tant vivants que morts, et dont la loyauté au souverain est un prolongement sur le plan politique[3]. Cette tradition, qu'on appelle en Occident confucianisme, occupe dans l'histoire de la pensée chinoise une place d'autant plus éminente qu'elle s'est progressivement constituée en idéologie d'État, et a été au fondement de la culture lettrée et des concours de recrutement des officiels pendant tout le IIe millénaire de notre ère. On mesure l'importance de l'héritage Zhou.

Or cette dynastie prétend régner au nom du Ciel (*tian*), en vertu de son mandat (*tianming*) ; le roi est donc Fils du Ciel (*tianzi*). Le Ciel, qui est d'abord une divinité personnelle, deviendra progressivement un principe d'ordre cosmique, l'entité dont émanent les règles qui régissent le monde naturel comme celui des hommes. Que les Zhou s'en réclament s'explique par les circonstances de leur prise de pouvoir : ils renversent par les armes la dynastie Shang (vers 1600-1046 av. J.-C.), autre royauté de l'âge du Bronze, renversement que les premiers souverains Zhou justifient par la monstruosité morale de ses derniers souverains et leur « perte » du mandat céleste, transféré à leur propre dynastie. Aux époques dites « des Printemps et Automnes » (vers 711-début du Ve siècle av. J.-C.) puis « des Royaumes combattants » (début du Ve siècle-221 av. J.-C.), l'espace de la royauté Zhou se divise en États autonomes, qui étendent leurs capacités fiscales et militaires et se livrent des guerres impitoyables. La notion de mandat céleste tombe progressivement en désuétude, plus personne ne s'en réclamant – d'autant que la place est prise, puisque sur le papier, les Zhou règnent encore. En revanche, l'idée de Ciel comme principe suprême d'organisation du monde s'enracine dans la culture chinoise.

Parce qu'il tient son pouvoir du Ciel, le souverain Zhou règne sur tout « ce qui est sous le Ciel » (*tianxia*). Le terme est déjà d'usage commun dans les textes de l'époque des Zhou orientaux. On en trouve une glose dans le Classique des Poèmes (*Shijing*, un recueil stabilisé vers 600 av. J.-C.), où un officier de la cour affirme sans ambages que « de tout ce qui est sous le Ciel, il n'est pas une terre qui n'appartienne au roi » (*pu tian zhi xia, mo fei wang tu*). La notion de *tianxia* désigne à la fois l'espace de souveraineté théorique du roi Zhou et les territoires civilisés. Ce chevauchement est tout naturel : le Ciel conférant son ordre au monde tant dans le domaine physique que dans le domaine moral, ce qui est « sous le Ciel », c'est le monde ordonné. Mais de ce monde, les frontières ne sont pas fixes : la monarchie Zhou s'arroge la prérogative de transformer/édifier (*hua*) le peuple, c'est-à-dire de l'amener à l'observance des rites – ce qui peut signifier civiliser les barbares. Il y a tout lieu de penser que la frontière entre le Chinois et le barbare a été, dans l'Antiquité chinoise comme dans toutes les sociétés, posée tantôt comme « raciale » (c'est-à-dire infranchissable, car inscrite dans la nature des individus), tantôt comme « culturelle » (c'est-à-dire franchissable par un processus d'acculturation)[4]. Il est clair, en tout cas, que la royauté Zhou puis ses héritiers se sont parfois investis d'une « mission civilisatrice » tournées vers l'extérieur, ce qui suppose

La Chine au début de l'époque impériale
(IIesiècle avant J.-C.)

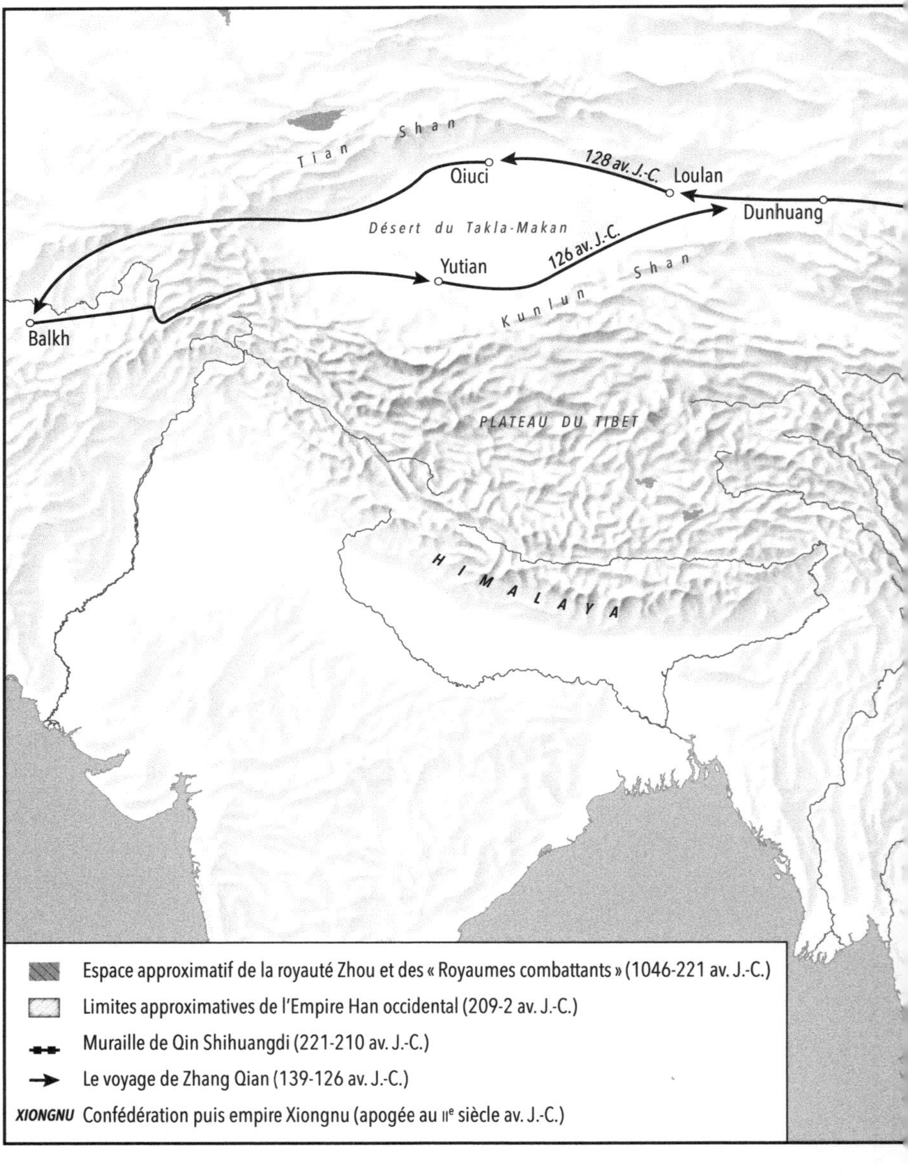

X I O N G N U
138 av. J.-C.
Fleuve jaune
Ji (Pékin)
Handan
Linzi
Dingtao
Chang'an
(Xi'an)
Luoyang
Danyang
Hefei
Yangzi
Wu
Chengdu
Jiangling
Kunming
Panyu (Canton)
OCÉAN PACIFIQUE
500 km

– là encore, comme dans de très nombreuses cultures – une forme d'universalisme ethnocentrique et si besoin armé, même si, dans le tradition confucéenne, le signe de la plus grande vertu est de « transformer » sans combattre.

Comment, toutefois, distinguer l'intérieur de l'extérieur ? On ne parle pas à l'époque de « Chinois » comme on le fait aujourd'hui, en désignant les habitants d'un État-nation (*Zhongguoren*) ou d'une ethnie (*Han*). Le terme *Zhongguo*, le fameux « empire du Milieu », apparaît certes à l'époque des Zhou orientaux, mais il n'a pas le sens de « Chine » qu'il prendra à partir des Ming (1368-1644) et qu'il a encore aujourd'hui. À l'époque, il serait plus justement traduit par « pays central », voire « pays centraux », et désigne les domaines, puis les États qui occupent le seul bassin inférieur du fleuve Jaune ; il est donc plus restreint que *tianxia*, et ne s'identifiera que très progressivement à tout l'espace de culture « chinoise ». En revanche, il y a indéniablement une culture commune à l'aristocratie des différents domaines placés sous la suzeraineté des Zhou occidentaux – on y trouve en partie les mêmes caractères d'écriture ou le même art du bronze. La grande majorité de la population a laissé moins de traces pérennes, mais il semble que les particularismes régionaux y aient été beaucoup plus forts. Sous les Zhou orientaux, les royaumes autonomes continuent de partager certains traits culturels et restent liés par la circulation d'hommes, d'œuvres et de penseurs, mais la consolidation d'États rivaux tend à renforcer la fragmentation des identités régionales. Dans les sources de l'époque, les individus sont d'abord désignés par leur lien de sujétion à leur souverain effectif : on est avant tout un « homme de Yan », ou « de Qin », par exemple. Il existe toutefois, depuis au moins l'époque des Royaumes combattants (début du Ve siècle-221 av. J.-C.), des termes permettant de désigner ceux qui partagent certains éléments de civilisation (caractères chinois, rites...), tels *Hua, Zhuxia* ou *Huaxia,* même si leur fréquence d'usage et leur sens exact restent débattus. Ils contribuent à marquer la différence avec les « autres » ; on trouve ainsi dans le *Commentaire de Zuo aux Printemps et Automnes* (Ve siècle av. J.-C.) de nombreux passages assimilant les peuples étrangers à des bêtes sauvages agressives inaccessibles au raisonnement et à la morale.

À cette frontière symbolique entre « eux » et « nous » s'ajoute, dans certains textes, la nostalgie d'une unité politique fantasmée. Le *Classique des Documents* comprend ainsi un chapitre intitulé « Le tribut de Yu », sans doute composé au IVe siècle, mais qui se présente comme un document de la dynastie – probablement mythique – des Xia (première moitié du IIe millénaire avant notre ère), et donne un tableau stylisé de l'œcoumène, composé de neuf « provinces » censément unifiées par le souverain légendaire Yu le Grand. Sur les bords extérieurs de ce schéma, aux quatre points cardinaux, se trouvent des peuples de plus en plus étrangers et de moins en moins civilisés à mesure qu'on s'éloigne du centre, où trône le Fils du Ciel ; sont nommés les Yi à l'est, les Man au sud, les Rong à l'ouest, les Di au nord (notre vocable *barbares* ne correspond pas à un terme chinois unique). Ces termes recouvrent des populations fort diverses et pas toujours bien identifiées ; ils n'aspirent pas à la rigueur descriptive, mais dessinent plutôt une représentation stylisée du monde connu. Quelques esprits forts de l'Antiquité chinoise y font d'ailleurs objection, sans pour autant leur opposer des connaissances ethnographiques plus précises[5].

Il y a loin, cependant, de la théorie à la pratique des rapports entre les « Chinois » et leurs voisins. Pour appréhender cette dernière, comme le souligne Nicola Di Cosmo, il faut ruser avec la documentation : apprendre à lire à rebours les sources que nous ont laissées les lettrés de l'Antiquité chinoise, essayer de les contourner par l'archéologie[6]. Notons d'abord que les Man et les Yi sont généralement présentés comme moins barbares et moins systématiquement hostiles que les Di et les Rong. Cette distinction n'est pas arbitraire : à l'époque des Zhou orientaux, les menaces viennent le plus souvent des populations agropastorales semi-sédentaires de l'Ouest, et surtout des steppes du Nord. Au sujet de ces populations, toutefois, Di Cosmo établit deux faits importants. Premièrement, l'archéologie suggère des échanges culturels importants entre le monde de la steppe et les États Zhou de la plaine du fleuve Jaune, surtout dans sa partie septentrionale : on y trouve, dans les sépultures aristocratiques, des objets à motifs animaliers très proches de ceux de la steppe, et certaines techniques essentielles, comme le char de combat, sont des emprunts chinois aux voisins du Nord. En outre, les mariages princiers entre Huaxia et Di ou Rong, tout comme les alliances, ne sont pas exceptionnels, ce qui nous amène à une autre thèse de Di Cosmo. À l'époque des Printemps et Automnes et des Royaumes combattants (fin du VIIIe-fin du IIIe siècle av. J.-C.), marquée par des affrontements incessants entre principautés, le niveau de sauvagerie et d'altérité prêté aux étrangers dans les sources écrites dépend fortement de la situation géostratégique, et on ne rechigne pas à s'allier à des étrangers (ou à traiter de « barbares » ses adversaires chinois) si la conjoncture l'impose. Beaucoup des déclarations les plus insultantes sur les Di ou les Rong sont des réactions à ce genre d'alliance, condamné comme une abomination... par ceux qui s'en trouvent exclus. Autrement dit, des peuples de la région qui n'ont jamais fait partie de l'aire culturelle Zhou n'en sont pas moins, à partir du VIIIe siècle, partie prenante du « système international » des États chinois. Il arrive d'ailleurs que ces États annexent des territoires peuplés de « barbares » du Nord et de l'Ouest pour se renforcer face à leurs compétiteurs. Il ne faut donc pas se laisser abuser par l'image d'Épinal de la Chine se protégeant des agresseurs derrière sa muraille : les longs murs discontinus qu'on voit apparaître à cette époque sont bien souvent des constructions *offensives*, et pas toujours dirigées contre les étrangers.

Théories de l'empire universel sous les Qin-Han

Cette porosité relative (politique, au moins) entre Huaxia et barbares prend fin avec l'unification de l'empire en 221 av. J.-C. Elle est l'œuvre de Qin, royaume de l'ouest du bassin du fleuve Jaune particulièrement spartiate et militariste, qui élimine ses rivaux les uns après les autres et finit par tous les absorber, non sans avoir déposé la dynastie Zhou et mis fin à la fiction de sa suzeraineté en 256. Le gigantesque État créé par le roi Zheng de Qin (259-210 av. J.-C.) est l'aune à laquelle les candidats au pouvoir suprême se mesureront désormais, sur le plan institutionnel – c'est une monarchie autrement plus puissante et centralisée que celle des Zhou – comme sur le plan géographique. Il s'étend sur environ deux tiers du territoire actuel de la RPC, unifiant sous son contrôle les espaces de l'ancienne suzeraineté Zhou et le sud-est de la Chine actuelle, régions encore largement étrangères. Le centre de gravité démographique de l'empire reste situé dans la vallée du fleuve Jaune, qui concentre peut-être 90 % de la population. Le sud de l'empire, peuplé de sédentaires très étrangers à la culture de la vallée du fleuve Jaune, sera progressivement colonisé par des Chinois, mais le processus n'en est alors qu'à ses débuts. Même la vallée du Yangzi, qui deviendra plus tard le centre de gravité économique et culturel de la Chine, est encore considérée à l'époque comme une région demi-civilisée[7].

Qin abat un immense travail d'uniformisation : des caractères d'écriture (au moins dans leur usage par les chancelleries), de l'administration, de la largeur des routes, de la monnaie, des poids et mesures. Cette unification interne se double d'un durcissement de la frontière externe : la première « grande muraille » est créée à partir des tronçons légués par les États absorbés, tandis qu'on détruit ceux qui se trouvent désormais à l'intérieur du territoire impérial. On comprend qu'une construction politique aussi colossale ait appelé des justifications à sa mesure. C'est avec Qin qu'on voit donc réssuciter les théories de la monarchie universelle. Le premier empereur ne se réclame toutefois pas du « mandat céleste », il fait plus simple : il se divinise lui-même[8]. Le titre qu'il se choisit le dit assez. Il n'est pas « roi » comme les Zhou (*wang*), mais « premier auguste seigneur des Qin » (Qin Shihuangdi). « Empereur » n'est qu'une traduction conventionnelle de ce titre : « auguste » (*huang*) est alors une épithète couramment attribuée au Ciel (on peut invoquer « le Ciel auguste »), et « seigneur » ne rend pas tout à fait le sens de *di*, qui avait désigné dans le passé plusieurs divinités de première importance. Qin Shihuangdi fait certes expliquer par ses scribes que son accession suit un plan cosmique, mais il n'a aucunement l'intention de se soumettre au mandat céleste, qui a la particularité désagréable de pouvoir être révoqué, alors qu'il compte bien fonder une dynastie pour l'éternité. Les vicissitudes de l'Histoire en décident autrement, puisque qu'elle est renversée dès 207 av. J.-C. par une convergence de révoltes largement dues à l'exercice despotique du pouvoir instauré par Qin Shihuangdi. La dynastie qui remplace Qin, celle des Han (202 av. J.-C.-9 ap. J.-C., puis 25-220), fait au premier empereur une réputation de tyran fou et cruel… tout en récupérant très largement les institutions qu'il a créées. Pour justifier cette captation d'héritage, le vénérable concept de mandat céleste (*tianming*), inventé par les premiers souverains des Zhou dans des circonstances comparables, paraît tout indiqué. Si les Han ont succédé aux Qin, c'est que le Ciel leur a confié son mandat, dont la dynastie précédente n'était plus digne. En réalité, les nouveaux souverains hésitent d'abord à recycler cette doctrine – certains de leurs conseillers « réalistes » soutiennent en effet qu'il est imprudent de soumettre son pouvoir à une quelconque évaluation morale, un souverain même mauvais devant rester un souverain légitime. L'idée s'impose progressivement. Au IIe siècle av. J.-C., on invente la tradition du sacrifice annuel rendu par l'empereur au Ciel, qui restera une prérogative du souverain (le « Fils du Ciel ») jusqu'à l'instauration de la république en 1912. À la fin du Ier siècle avant notre ère, la nouvelle idéologie est consolidée. Ce basculement reflète l'influence des lettrés sur la définition de la fonction impériale. Les souverains, en particulier sous la dynastie des Han postérieurs (25-220), s'affirment pour la première fois comme les patrons d'une tradition intellectuelle où Confucius joue un rôle central, qui légitime leur règne tout en le soumettant à certaines exigences. Le prestige de la fondation et de la conquête ne suffit plus : l'empereur se doit d'agir moralement au risque de perdre le mandat du Ciel, que les lettrés se considèrent seuls habilités à déchiffrer[9].

La période Qin-Han, qu'on peut ici considérer d'un seul tenant, est marquée par une tension : d'un côté, l'unification administrative de l'empire, qui englobe toutes les populations partageant des traits culturels tels que l'écriture chinoise, tend à durcir la frontière avec l'extérieur ; de l'autre, l'aspiration à la monarchie universelle connaît une nouvelle jeunesse, avec une crédibilité bien plus grande qu'à l'époque des Zhou. Cette aspiration se traduit par des tendances expansionnistes très marquées. En plus de fixer *grosso modo* les frontières de long terme de la Chine ethnique (hors Sud-Ouest actuel), les Qin, suivis par les Han, s'étendent plus provisoirement jusque dans les régions correspondant à la Mongolie, l'Asie centrale, la Mandchourie du Sud, le Vietnam et la péninsule coréenne, dont la partie nord reçoit un apport culturel chinois important. Aux espaces hors d'atteinte des armées impériales, l'empire tente d'imposer la pratique du « tribut » : les étrangers apportent à la cour des cadeaux en provenance de leurs contrées en signe de reconnaissance de la suprématie de l'empereur, qui les gratifie en retour de sa munificence (soie, métal précieux, titres…). Plus le cadeau est exotique, plus le prestige du souverain, qui reçoit des marques de soumission des quatre orients, en est accru.

Cependant, l'unification de 221 est loin de garantir à l'empire la domination universelle qu'il revendique au nom du Ciel. Dès les Ve-IVe siècles avant notre ère, on voit apparaître dans les sources chinoises un nouveau terme pour désigner les barbares du Nord, *Hu*, et ce changement de terminologie n'est pas gratuit. C'est en effet l'époque où le développement progressif du nomadisme dans les steppes donne naissance à des sociétés transhumantes dominées par une aristocratie de guerriers, qui combattent comme archers à cheval. Les premiers États chinois ayant adopté la cavalerie dans leurs armées (autour de 300 av. J.-C.) l'ont empruntée à ces Hu, qui se révèlent des adversaires redoutables. C'est partiellement vrai de la confédération nomade des Xiongnu. S'il n'y a pas de consensus sur leur appartenance ethnolinguistique, une partie au moins d'entre eux sont des Turco-Mongols, et presque certainement les ancêtres de nos Huns. Ils en sont par ailleurs l'équivalent dans l'imaginaire collectif chinois : la menace barbare par excellence. Les Xiongnu se constituent en un puissant empire centré sur la Mongolie en même temps que les Han accèdent au pouvoir, en 209 av. J.-C. Pour la première fois sans doute depuis les Zhou occidentaux, des barbares, et non d'autres Chinois, constituent la menace principale, et le rapport de force est souvent défavorable aux Han. L'empire est parfois contraint de payer aux Xiongnu un tribut de soie, de produits métalliques ou de denrées agricoles dont leur économie principalement pastorale a besoin. Après un revers militaire, le premier empereur des Han (qui a régné de 202 à 195) donne même une de ses filles en mariage au *chanyu*, comme on nomme en chinois le souverain des Xiongnu. Ce n'est pas un pis-aller de court terme mais une stratégie cohérente d'apaisement, qui entérine pour Di Cosmo un véritable « ordre mondial bipolaire ». Dans leur correspondance, le *huangdi* et le *chanyu* s'appellent « frères » et semblent admettre l'existence de deux sphères d'influence où chacun est seul à recevoir le tribut, en complète contradiction avec le discours chinois interne, qui maintient la fiction d'un empereur régnant sur le *tianxia*. Ainsi, quand l'empereur Wu des Han envoie un émissaire en Bactriane à la rencontre des nomades Yuezhi en 139-138, celui-ci est capturé par les Xiongnu, qui reprochent à la cour chinoise d'avoir outrepassé ses droits et soulignent qu'elle-même refuserait que l'État Xiongnu tracte directement avec les populations du sud de la Chine actuelle.

La politique d'apaisement n'empêche pas la relation de rester tendue, et marquée par des accrochages réguliers. C'est d'ailleurs ce constat d'échec qui a poussé l'empereur Wu à dépêcher un envoyé chez les Yuezhi : la mission de Zhang Qian, qui part en 138 av. J.-C., est de former une alliance de revers contre les Xiongnu. Bien qu'il tombe entre leurs mains et soit retenu prisonnier dix ans, il rapporte à la cour des informations sur les régions qu'il a traversées (les cités de l'est de l'Asie centrale, dans le Xinjiang actuel) et celles dont il a entendu parler, qui correspondent sans doute à des parties de l'Afghanistan, du Pakistan, de l'Azerbaïdjan, de l'Ouzbékistan et du Kazakhstan actuels. Il est même possible, selon l'historien Ge Zhaoguang, que Zhang ait glané des bribes d'informations sur des régions de l'Inde, de l'Iran, voire de la Syrie actuels[10]. C'est un élargissement considérable des horizons des Chinois, qui jusqu'alors ne savaient presque rien de leur « Occident ». En dépit de l'échec stratégique de la mission de Zhang Qian, le rapport de force avec les Xiongnu se renverse progressivement. La confédération nomade se délite en une partie méridionale inféodée à la Chine et une partie septentrionale moins redoutable ; elle se dissout à la fin des années 80 de notre ère. Cet état de fait permet aux Chinois de relancer leur expansion vers l'est de l'Asie centrale, en même temps que vers le sud et la Corée. Le règne de l'empereur Wu, littéralement « le martial », marque l'extension maximale de l'empire, si bien qu'on tendra, dans les siècles suivants, à désigner en pratique par *tianxia* l'espace alors contrôlé (moins l'Asie centrale).

Cependant, le bellicisme de l'empereur Wu est aussi l'une des raisons de l'affaiblissement des Han. Il pousse la cour à ponctionner les paysans, souvent contraints de vendre leurs terres à des seigneurs locaux de plus en plus puissants. Les empereurs des Han orientaux (25-220), incapables de mobiliser les mêmes ressources que leurs prédécesseurs, renoncent à la conscription et recourent à une méthode bien connue des Romains : recruter des barbares pour se défendre contre d'autres étrangers. On installe donc, sur les marges occidentales et septentrionales de la Chine, des populations nomades alliées, afin d'opposer une cavalerie efficace aux incursions – avec pour résultat la perte progressive de contrôle sur ces marches militarisées, mais aussi la formation d'aristocraties de sang mêlé dans la vallée du fleuve Jaune. À partir des IIIe et surtout IVe siècles, plus aucun pouvoir ne parvient à s'imposer dans les bassins des deux grands fleuves, et l'espace de l'empire Qin-Han se fragmente durablement. Toutefois, la Chine du Nord et l'Asie centrale restent connectées par un tissu de liens humains, intellectuels et commerciaux, que nous appelons aujourd'hui « routes de la soie ».

Contrairement à ce que veulent y voir ses défenseurs contemporains, le *tianxia* n'est donc pas la trace la plus ancienne d'un universalisme humaniste et respectueux des différences, qui courrait de manière souterraine dans la tradition politique chinoise. C'est, plus simplement, la version locale d'une idéologie fort répandue sur la planète avant l'ère contemporaine : celle de la monarchie universelle, qui n'a jamais été dissociable – en Chine pas plus qu'ailleurs – de l'exercice de la force et d'une vision profondément hiérarchique du monde et de l'humain. Il est très difficile pour les défenseurs actuels du *tianxia*, même pour les plus généreux, d'affranchir ce concept de ses connotations inégalitaires : ce qui unit les différentes nations « sous le Ciel », c'est la reconnaissance de certaines normes communes, éthiques ou civilisationnelles, faute de quoi on en serait réduit aux antagonismes durs que le concept prétend justement dépasser ; chercher ces normes dans la tradition chinoise, c'est revendiquer pour elle une centralité qui paraît plus compatible avec le nationalisme culturel qu'avec le désir affiché de dépasser les nations[11].

Chapitre 2

La Route de la soie a-t-elle existé ? (IIe-Xe siècle)

Le 7 novembre 2013, Xi Jinping, alors secrétaire général du PCC depuis un an, prononce un discours dans la ville d'Astana, capitale du Kazakhstan, devant un parterre choisi : le public comprend le président Noursoultan Nazarbaïev lui-même, dont l'université qui l'accueille porte le nom (il ne s'arrêtera pas en si bon chemin, puisqu'Astana s'appelle désormais Noursoultan). Xi expose les grandes lignes d'un projet ambitieux destiné à renforcer la coopération entre la Chine et l'Asie centrale et, bien au-delà, toute l'Eurasie : il s'agit d'unifier « le plus grand marché du monde ». Dans les années qui suivent, le projet se précise sous la forme de la Belt and Road Initiative (BRI), en réalité moins une initiative unique que l'étiquette apposée à un gigantesque ensemble d'investissements liant à la Chine les différentes parties de l'Eurasie, principalement des infrastructures de transport, de communication et d'énergie (chemins de fer surtout, mais aussi ports, oléoducs...). Revu quelque peu à la baisse depuis le tournant des années 2020, le contexte économique étant plus difficile, le projet reste très ambitieux.

Il a d'abord des motivations économiques. Il s'agit pour l'État chinois de trouver un débouché aux surcapacités de son économie, en plaçant une partie des énormes surplus d'épargne générés par ses excédents commerciaux et en encourageant les exportations de produits chinois en Eurasie. Toutefois, la BRI affiche aussi une dimension plus politique. Pour une part, elle est présentée comme la force motrice d'une mondialisation centrée sur la Chine, qui endosserait ainsi de plus grandes responsabilités dans l'aide au développement et la stimulation des échanges (le forum BRI de 2017 a été l'occasion de rassembler vingt-huit chefs d'État autour de Xi Jinping). En outre, la BRI doit assurer à Pékin des approvisionnements sécurisés dans le contexte de sa rivalité croissante avec les États-Unis : 60 % des importations chinoises (et 70 % du pétrole qu'elle importe) transitent actuellement par le détroit de Malacca, route maritime où la suprématie militaire américaine reste nette. La RPC a donc tout intérêt à développer les échanges par voie de terre en cas de conflit ou de blocus[1].

On retrouve ainsi, comme plusieurs observateurs l'ont noté, une polarité majeure de la géopolitique moderne, celle de la puissance maritime contre la puissance terrestre, théorisée par le géographe anglais Halford J. Mackinder en 1904. Mackinder s'inquiétait du défi continental russe lancé à la thalassocratie britannique, rendu plus saillant par la construction du Transsibérien ; l'Eurasie, désormais interconnectée, menaçait alors de devenir le « pivot du monde[2] ». Cette théorie, reprise et adaptée pendant la guerre froide pour penser la rivalité américano-soviétique, voyait en la

Russie la puissance eurasienne par excellence ; plusieurs observateurs récents notent que l'alliance *de facto* entre la Chine et une Russie moins puissante qu'elle, ainsi que le programme BRI, font aujourd'hui de la RPC le candidat le plus crédible à ce statut[3].

Dans son discours de 2013, Xi présente la BRI comme la résurrection de l'ancienne « route de la soie » ouverte par Zhang Qian (voir le chapitre 1), dont l'histoire deux fois millénaire démontrerait que les peuples peuvent jouir ensemble de la paix et du développement « sur la base de la solidarité, de la confiance mutuelle, de l'égalité, de l'inclusivité, de l'apprentissage mutuel et de la coopération gagnant-gagnant ». Cette rhétorique est devenue omniprésente : on ne compte plus les discours, publications savantes ou populaires, instituts de formation, fictions télévisées et autres objets culturels consacrés à la Route (ou « aux routes ») de la soie. Le terme, qui renvoie avant tout aux échanges séculaires par voie de terre entre la Chine et le reste du continent eurasien, n'est ni ancien, ni chinois. Il fut forgé en 1877 par un géographe allemand, Ferdinand von Richthofen, alors chargé de concevoir une ligne de chemin de fer (déjà) qui relierait l'Allemagne à sa sphère d'influence naissante en Chine. Von Richthofen, qui s'était plongé dans l'histoire de la région qu'il explore comme géographe, représentait pour ses lecteurs la *Seidenstrasse* comme une ligne presque droite liant l'Europe et la Chine, et (déjà) comme la préfiguration de son projet ferroviaire moderne.

L'expression a connu en Europe puis en Chine une fortune aux raisons comparables. Elle mobilise un imaginaire exotique où se mêlent oasis lointaines, caravanes étirées et artisanat de luxe, imaginaire dans lequel le langage officiel chinois puise abondamment (dans son discours de 2013, Xi Jinping évoque « les cloches des chameaux » et « les volutes de fumées s'élevant du désert »). Elle place implicitement la Chine au centre de cette histoire – au XIXe siècle, c'était la centralité perdue d'un empire sur le déclin dont l'Allemagne prétendait reprendre le flambeau ; au XXIe siècle, c'est une centralité réaffirmée. Enfin et surtout, les « routes de la soie » sont le précédent idéal pour une entreprise d'expansion économique internationale, puisqu'y circulaient des marchands de tous horizons, non des guerriers. Le terme passe d'ailleurs largement sous silence les dimensions sécuritaires de la présence chinoise en Asie centrale, à commencer par la chape de plomb qui s'est abattue sur le Xinjiang. Ajoutons que si le discours actuel sur la BRI fait de la Chine un moteur historique de la mondialisation commerciale, il ne manque jamais de souligner le rôle des peuples situés le long des « routes de la soie », référence que des Ouzbeks comme des Iraniens peuvent s'approprier. De même pour les Européens, qui constituent le *terminus* historique de la Route de la soie. Contrairement à d'autres thèmes de l'exceptionnalisme chinois, il ne s'agit donc pas – en tout cas pour l'instant – d'un discours anti-occidental : l'Occident atlantique de la guerre froide n'existe pas dans cette vieille histoire qui se trame d'un bout à l'autre de l'Eurasie.

La Chine et l'Asie centrale au Ier millénaire de notre ère

L'expression « routes de la soie » évoque un monde d'échanges pacifiques. En réalité, l'histoire des relations entre la Chine et l'Eurasie est étroitement liée à la présence politique et militaire chinoise en Asie centrale, qu'il faut donc rappeler brièvement. Qin Shihuangdi règne de 221 à 210 av. J.-C. sur un empire dont les frontières correspondent peu ou prou aux espaces où la culture chinoise han est actuellement majoritaire. Il y aura par la suite de nombreuses incursions chinoises hors de cet espace, mais elles seront toujours réversibles, en tout cas jusqu'au XVIIIe siècle. Certaines d'entre elles, toutefois, seront particulièrement durables et lourdes de conséquences. C'est le cas des avancées chinoises en Asie centrale au Ier millénaire de notre ère, qui donnent leur impulsion aux fameuses « routes de la soie ». L'Asie centrale apparaît véritablement sur la carte mentale des Chinois avec le périple de Zhang Qian (138-126 av. J.-C.), avant lequel les contacts n'étaient qu'indirects. Zhang s'étonne de trouver des produits chinois sur les marchés du nord de l'Afghanistan actuel, mais il ne va pas chercher plus loin : sa mission a des objectifs stratégiques et non commerciaux[4]. La lutte contre les Xiongnu entraîne par la suite une progression militaire des Han occidentaux en Asie centrale, d'abord dans le corridor du Gansu puis plus à l'ouest, dans le bassin du Tarim (sud du Xinjiang actuel), où ils imposent leur protectorat sur les cités-oasis qui bordent au nord et au sud le désert du Taklamakan. La puissance chinoise dans ces « régions occidentales » (*Xiyu*) est cependant intermittente, et très dépendante de la vigueur du pouvoir central. Elle se retire entièrement du début du IVe siècle à la fin du VIe siècle, époque à laquelle plusieurs États contrôlent séparément, dans une succession chaotique, les bassins du fleuve Jaune et du Yangzi. Le grand retour chinois en Asie centrale intervient avec la dynastie Tang (618-907), restée dans la

La Chine et l'Asie centrale sous les Tang
(VIIe siècle)

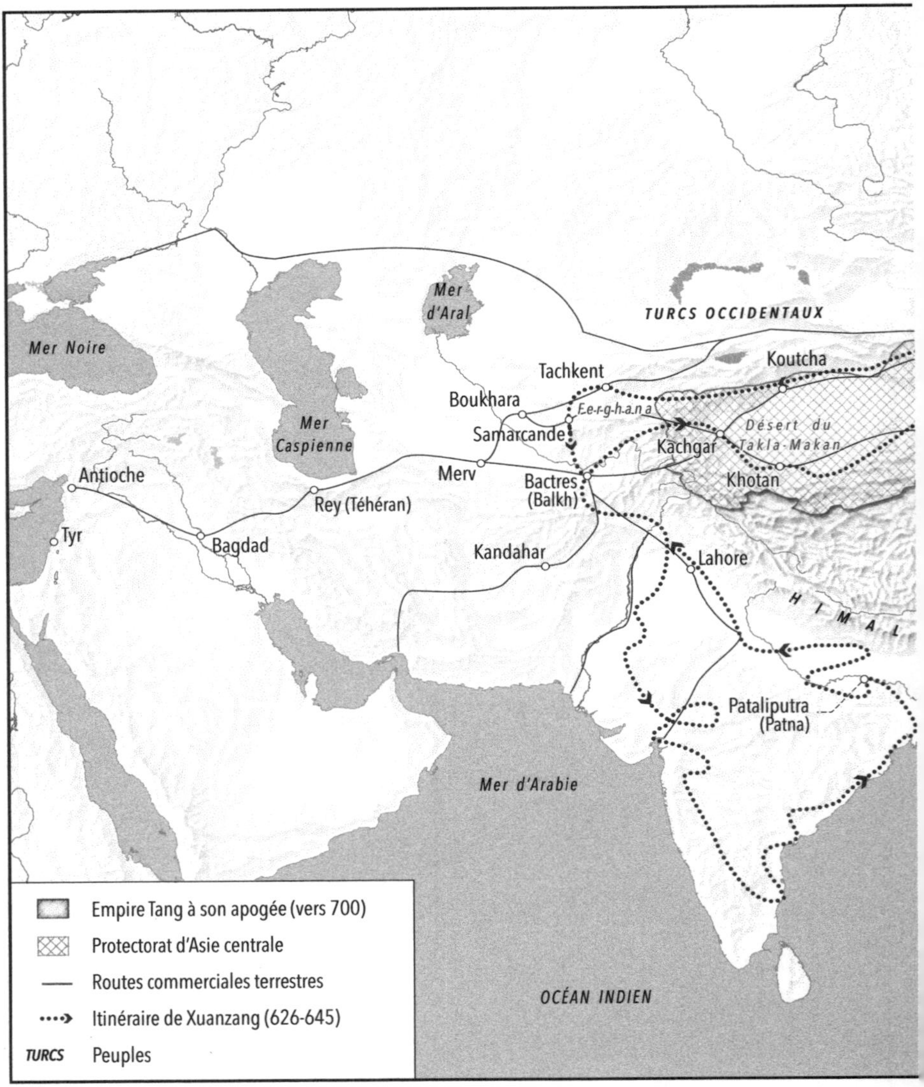

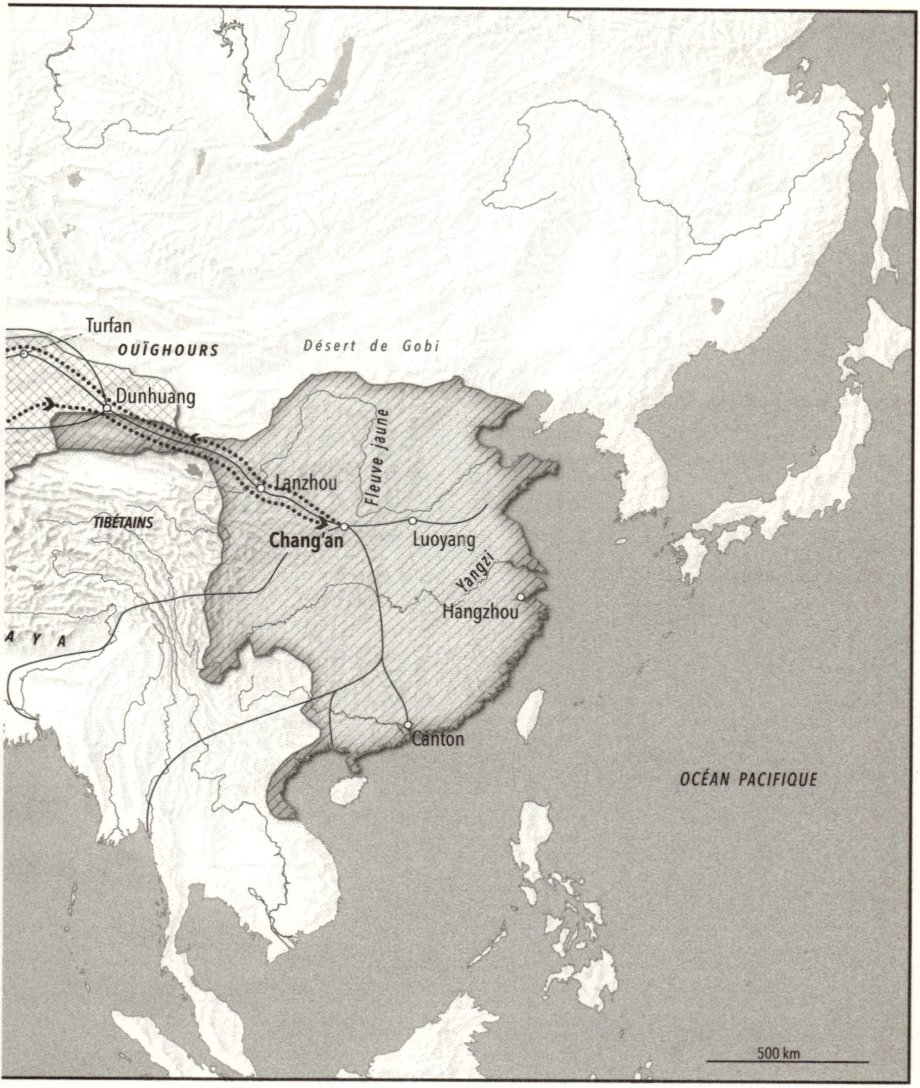

Turfan
OUÏGHOURS
Désert de Gobi
Dunhuang
Lanzhou
Fleuve jaune
TIBÉTAINS
Chang'an
Luoyang
Yangzi
Hangzhou
A Y A
Canton
OCÉAN PACIFIQUE
500 km

mémoire collective comme un âge d'or politique et culturel – et une phase particulièrement expansionniste – de l'histoire chinoise. Les Tang règnent sur un empire qui compte peut-être 60 millions d'habitants, soit davantage que l'Europe tout entière à la même époque. Au VIIe siècle, ils défont notamment le kaghanat (empire) turc et étendent leur domination sur le bassin du Tarim, dans lequel ils établissent de fortes garnisons – la plus lointaine, Kashgar, est à près de 5 000 kilomètres de la capitale Chang'an (aujourd'hui Xi'an). La présence chinoise reflue de nouveau à partir du milieu du VIIIe siècle, sous l'effet de plusieurs coups conjugués : attaques tibétaines puis ouïghoures, poussée arabe et surtout révolte d'An Lushan (755-763), sur laquelle nous reviendrons. Il faudra attendre presque un millénaire pour voir, au XVIIIe siècle, le retour d'un État chinois dans la région.

Ces siècles de présence chinoise discontinue en Asie centrale, ainsi que l'implantation de populations turco-mongoles en Chine du Nord, entraînent un certain métissage. Ainsi, la période qui court de la fin de la dynastie Han (220) à l'établissement de la dynastie Tang (618) voit une divergence culturelle s'accuser entre le sud et le nord de l'espace chinois, d'autant plus qu'ils sont désunis politiquement. Le Sud reste dominé par des élites « purement » chinoises, qui s'auto-désignent le plus souvent comme *Hua* à cette époque. Au nord, en revanche, on voit se former des aristocraties mixtes, à la fois turciques, mongoles et chinoises, qui accèdent parfois aux plus hauts degrés du pouvoir, même si elles en empruntent généralement les formes au pouvoir impérial chinois. Il s'ensuit un changement du rapport à ce qui est étranger. Si les Han étaient capables de compromis et même d'intégration, la frontière entre le civilisé et le nomade du Nord ou de l'Ouest (le *Hu*) restait claire pour eux ; elle s'était même durcie après la chute des Hans orientaux, certains lettrés en ayant donné une lecture raciale pour s'opposer à l'installation en grand nombre de barbares en Chine du Nord. À partir du IVe siècle, en revanche, les classes dirigeantes du nord de la Chine développent des affinités avec les peuples des steppes, dont elles parlent parfois les langues et épousent les princesses, quand elles n'en sont pas directement issues. Par exemple, les Wei du Nord, qui réalisent l'exploit d'unifier le bassin du fleuve Jaune pour un petit siècle (vers 440-534), ne sont pas des Chinois mais des Turco-mongols du clan tabghatch, qui ne se siniseront qu'une fois leur pouvoir consolidé. Mieux encore, la dynastie Tang elle-même cache presque sûrement, derrière le nom de famille on ne peut plus chinois de Li, des origines de sang mêlé. Et il ne s'agit pas que de sang : la connaissance que les premiers souverains Tang ont des usages politiques de l'Asie centrale leur rend plus facile d'y nouer des alliances, de s'adapter aux méthodes de combat des nomades, voire de jouer sur plusieurs plans de légitimité. Ainsi l'empereur Taizong (qui a régné de 626 à 649), véritable fondateur de la dynastie, se veut-il à la tête d'un empire dual, où il est à la fois Fils du Ciel pour les Chinois et « Kaghan céleste » pour les Turcs qui lui sont loyaux, et peut-il déclarer : « Depuis les temps anciens, les empereurs ont tous loué les Chinois et dénigré les barbares. Seul moi les considère comme égaux. C'est pour cette raison qu'ils me voient comme leur parent[5]. »

L'expansionnisme Tang se fait sentir tous azimuts, jusqu'en Mandchourie, en Corée et au Vietnam, mais ce sont surtout les conquêtes occidentales qui expliquent le cosmopolitisme de cet empire. Il est particulièrement sensible au nord, et plus encore dans la capitale Chang'an – celle, déjà, des Han occidentaux –, sans doute la plus grande ville du monde à l'époque, qui regarde résolument vers l'ouest. Dans la première moitié du VIIIe siècle, la population de Chang'an compte peut-être un million d'habitants dont un tiers de non-Chinois, sujets de l'empereur ou résidents étrangers, notamment des Perses, des Turcs, des Syriens, des Indiens et de très nombreux Sogdiens venus des environs de Samarcande et Boukhara, en Ouzbékistan actuel. Les arts visuels Tang (peinture, figurines en terre cuite…), où abondent cavaliers, vêtements centre-asiatiques et figures au type étranger, sont un brillant témoignage de ce brassage. Le cosmopolitisme Tang est devenu un cliché positif dans la mémoire qui entoure la dynastie. Il ne faut cependant pas l'idéaliser : il n'empêche pas le maintien dans les textes de l'époque du modèle concentrique hérité du « Tribut de Yu », qui place les régions barbares sur les marges de l'espace civilisé, ce qui conduit certains auteurs à maintenir une distinction entre le « pays du milieu » et des périphéries dont on pourrait fort bien se passer. Les gens d'Asie centrale sont clairement identifiés comme tels, y compris physiquement (yeux enfoncés, nez long…), et le clivage peut devenir sanglant en temps de crise. Au milieu du VIIIe siècle, à l'apogée des Tang, leur général le plus puissant n'est pas un Chinois : An Lushan est de mère turque et de père sogdien, comme en témoigne son prénom – Lushan est une transcription chinoise de Rokhshan (« lumineux »), où l'on reconnaît « Roxane », le nom de l'épouse perse d'Alexandre le Grand. An Lushan, qui garde la frontière nord-est à la tête d'une énorme concentration de forces, s'inquiète de sa perte de faveur à la cour. En 755, il prend les devants en se révoltant contre le pouvoir impérial, faisant notamment jouer ses origines ethniques parmi les troupes du nord de l'empire, qui comptent un grand nombre de non-Chinois. C'est un désastre pour les Tang, dont les deux principales villes, Chang'an et Luoyang, sont prises par le général félon. La reprise en main, qui n'intervient qu'en 763 avec l'appui des Ouïghours, se traduit par le massacre de populations centre-asiatiques dans plusieurs villes chinoises. Par la suite, les grandes familles militaires sogdiennes ou turques se feront discrètes sur leurs origines. Si l'empire Tang reste pluriethnique, ce traumatisme porte donc un coup mortel au cosmopolitisme confiant de ses débuts – ainsi qu'à sa puissance, puisqu'il perd l'Asie centrale et ne retrouvera jamais sa vigueur première.

Le monde des échanges commerciaux

Ce cadre politique posé, à quoi ressemblent les « routes de la soie » ? Il faut d'abord noter que personne, ni en Asie centrale ni en Chine, n'a jamais employé cette expression avant que Richthofen ne l'invente. Personne n'a jamais même pensé circuler le long de « routes », et pour cause : aucune n'a jamais été tracée sur ce qui est au mieux un ensemble d'itinéraires est-ouest, parfois assez distants les uns des autres, imposés aux voyageurs par la topographie et les évolutions politiques des régions traversées. Encore ne faut-il pas s'imaginer une noria de caravanes de chameaux : ce que nous appelons la Route de la soie est « l'une des routes les moins empruntées de l'histoire de l'humanité[6] ». Le long de cet axe habitent surtout des agriculteurs qui naissent, vivent et meurent dans un périmètre restreint, et ne s'arrachent à leurs terres que forcés par les circonstances. Le commerce n'y est pas l'activité dominante et les marchés vendent surtout des produits locaux.

Néanmoins, les échanges au plus long cours existent. Leur terme oriental est la Chine, ou plutôt les États chinois qui se succèdent ou coexistent. À l'extrême occident de ces pistes, on trouve la Perse – sous domination parthe, puis sassanide (du IIIe au VIIe siècle de notre ère), puis califale après les conquêtes arabes – et plus loin encore, l'Orient romain. On a beaucoup fantasmé, en Europe, ce lien distant entre Rome et la Chine. En réalité, les deux empires ont assez peu échangé et n'ont été conscients qu'assez tard de leur existence respective. La soie chinoise est peut-être parvenue à Rome : dans son *Histoire naturelle* (fin du Ier siècle), Pline l'Ancien fustige le goût de ses compatriotes pour ce produit dispendieux, qui couvre mal la pudeur des matrones. On n'a pourtant retrouvé que très peu de pièces romaines en Chine, et aucune antérieure au VIe siècle, tandis que le numéraire d'autres contrées y abonde. Le précieux matériau a donc probablement voyagé par des intermédiaires qui en ont fait perdre la trace (Pline attribue la production de soie à un peuple oriental à demi fabuleux, les Sères, mais cela ne signifie pas, comme on l'a parfois avancé, qu'il connaît l'existence des Chinois). De l'autre côté de l'Eurasie, le *Livre des Han postérieurs* rapporte qu'une ambassade des « grands Qin » arriva par la mer en 166. Le terme désigne une contrée légendaire de l'Occident, mais il n'est pas dit qu'il renvoie précisément à Rome dans ce texte ; même si c'est le cas, on flaire une supercherie : les émissaires apportent en cadeau de la corne de rhinocéros, qu'on trouve à l'époque... en Asie du Sud-Est. Ce ne serait pas la première fois que des marchands rusés se feraient passer pour des ambassadeurs à la Cour impériale. Rome et la Chine ne s'identifient mutuellement de manière certaine qu'à partir des IIe-IIIe siècles de notre ère, et encore les échanges restent-ils modestes, d'autant que les Chinois perdent au IVe siècle leur monopole de confection de la soie : les élites grecques et latines continuent de la priser, mais elle est désormais produite en Inde, en Perse, voire à Byzance.

Les contacts intenses et fréquents ne se font pas entre les deux extrémités du continent mais, plus modestement, entre les cités d'Asie centrale elles-mêmes, qu'elles se gouvernent librement ou soient incorporées à divers empires. Certaines sont restées légendaires en Europe, d'autres moins : Samarcande, Boukhara, Fergana (Ouzbékistan actuel), Kashgar, Koutcha, Tourfan (Xinjiang chinois actuel), Dunhuang (Gansu chinois actuel). Les liens entre ces cités, dont plusieurs sont des oasis, sont connus par de nombreuses trouvailles archéologiques depuis la fin du XIXe siècle, dont celle de la mission Aurel Stein, préservées de manière spectaculaire grâce à la sécheresse du désert – l'un des rares milieux qui permettent de conserver le papier. Il s'agit le plus souvent d'un commerce de proche en proche : sans même parler de la Route de la soie dans son extension maximale, très peu de marchands traversent l'Asie centrale – il y a 3 600 kilomètres de Samarcande à Chang'an –, la plupart réalisant des circuits de quelques centaines de kilomètres, de leur propre lieu de résidence à l'oasis la plus proche. Quand les produits circulent plus loin, c'est généralement entre les mains d'un nouvel intermédiaire. Le nord et l'est de cette zone sont surtout habités par des peuples de langues mongoles et turciques, qui dominent l'Asie centrale aujourd'hui, mais à l'ouest et au sud, les populations y sont encore, à l'époque, de langues indo-européennes, parentes de celles qu'on parle en Iran et en Inde du Nord (le terme chinois *Hu*, qui désignait à l'origine les nomades turco-mongols exclusivement, en vient d'ailleurs à qualifier toutes ces populations occidentales). Une des *lingua franca* de la région est ainsi le sogdien, apparentée au persan. Dans ce monde plus souvent fragmenté que relié, les marchands sogdiens sont les seuls qu'on trouve tout au long de la chaîne, de Constantinople à Chang'an, même si ce ne sont pas les mêmes personnes. Dans la capitale chinoise, sous les Tang, la richesse des plus grands négociants sogdiens est proverbiale[7].

La centralité chinoise que suggère le mythe contemporain des « routes de la soie » est donc largement illusoire. L'expression « Asie centrale » a beau être une invention du XIXe siècle, elle nous suggère bien où il convient de placer le cœur de cette histoire[8]. Il existe bien des caravanes au long cours parvenant jusqu'à la Chine ou en partant, mais elles sont rares, et ce sont presque toujours des délégations diplomatiques, ambassades des cités-États d'Asie centrale ou émissaires chinois envoyés en sens inverse. La Chine ne joue un rôle primordial dans les flux économiques le long des « routes de la soie » que quand elle est militairement présente en Asie centrale, l'implantation de garnisons chinoises entraînant de très importantes dépenses publiques qui stimulent les marchés locaux, comme c'est le cas sous les Han et au début des Tang (avant la révolte d'An Lushan). L'idée d'un circuit d'échanges étendu et pacifique est donc trompeuse : dans la très grande majorité des cas, ce qui circule sur une grande distance le fait pour des raisons politiques et avec l'appui parfois musclé des pouvoirs. Quand il redevient privé, le commerce repasse à une échelle modeste, comme c'est le cas après la révolte d'An Lushan[9].

Lors des époques où le contact est le plus direct, la Chine reçoit de l'Asie centrale des métaux précieux, du verre, des esclaves, des animaux et plantes exotiques – autrement dit, des objets de prestige destinés à une assez mince élite. C'est inévitable : le commerce au long cours par voie de terre, qu'il se fasse à pied, à cheval ou à dos de chameau, n'est rentable que si le prix des marchandises est suffisamment élevé relativement à leur poids. La soie est loin d'être toujours le premier des produits qui circulent sur ces « routes ». On la voit surtout affluer dans les périodes d'expansion militaire chinoise, les rouleaux de soie servant souvent à payer les soldats. En laissant de côté les échanges les plus locaux, on trouve aussi sur les marchés du cuir (et du chlorure d'ammonium, qui sert à le traiter), des épices, du papier (inventé en Chine au IIe siècle)... Malgré la modicité des volumes échangés, ils déclenchent des transferts technologiques lents mais majeurs, la soie et le papier depuis la Chine vers l'ouest, le verre de l'Ouest vers la Chine.

Les routes de la foi : l'exemple du bouddhisme

On peut généraliser l'affirmation. Depuis l'époque des Han jusqu'à celle des Tang, les « routes de la soie » ont compté moins par les marchandises qui y circulaient que par les idées qui y transitaient, portées par les négociants, les mouvements migratoires, les missionnaires. C'est particulièrement vrai des idées religieuses. Le début de l'ère chrétienne voit l'émergence en Eurasie de plusieurs grandes religions de salut, avec pour résultat un marché spirituel extraordinairement divers et concurrentiel en Asie centrale, carrefour du continent[10]. Un exemple suffit à l'illustrer, celui de la « bibliothèque de Dunhuang » dans la province chinoise du Gansu (en bordure du désert de Gobi), prodigieuse cache de manuscrits entreposés par des moines bouddhistes dans une cave à partir du IVe siècle, scellée vers l'an mil et redécouverte au début du XXe siècle. Parmi les dizaines de milliers de documents exhumés de cette véritable capsule temporelle, la plupart sont rédigés en chinois, mais on en trouve aussi en sanskrit, tibétain, ouïghour, sogdien, et ils attestent de la présence dans la région du bouddhisme, du zoroastrisme, du manichéisme, du christianisme nestorien et même du judaïsme. On a trouvé des traces des mêmes religions, l'islam en plus, à Chang'an.

L'apport intellectuel principal des « routes de la soie » est à n'en pas douter le bouddhisme, dont la diffusion est un bouleversement comparable à celle du christianisme ou de l'islam pour d'autres régions. Du nord-ouest de l'Inde, le bouddhisme arrive en Asie centrale puis en Chine. L'histoire officielle date sa première apparition à la cour de l'année 67, ce qui est impossible à vérifier, mais on sait qu'il se propage lentement sous les Han orientaux. Toutefois, c'est la fragmentation politique du IVe siècle qui donne au bouddhisme sa véritable impulsion dans le monde chinois. Il est porté par des communautés émigrées, des marchands et des religieux missionnaires venus d'Asie centrale. Les moines, surtout, se livrent à une activité fébrile d'évangélisation et de traduction des soutras. En effet, leur bouddhisme, celui dit « du Grand Véhicule », développé vers le tournant de l'ère chrétienne, est une doctrine prosélyte qui tient le salut (« l'éveil ») pour accessible à tous les humains, moines ou laïcs. C'est cette version de la religion qui s'impose en Chine, avec un succès foudroyant : au début des Tang, le bouddhisme est un fait omniprésent de la vie sociale et intellectuelle, et l'empire est constellé de temples et de monastères, en particulier dans sa moitié nord, et à Chang'an plus qu'en tout autre lieu (on en compte quatre-vingt-onze en l'an 722). Une telle progression s'explique sans doute par les nouveautés doctrinales de la religion importée, mais aussi par le soutien qu'elle reçoit des dynasties chinoises rivales, notamment celles du Nord, fragilisées par leurs origines étrangères et, dans le même temps, pouvant jouer de leurs affinités avec l'Asie centrale. Les Wei du Nord sont un cas d'école : cette dynastie turco-mongole, évoquée plus haut, mène une politique volontariste de promotion du bouddhisme dont nous reste un art somptueux (statuaire en particulier).

Cette acclimatation du bouddhisme a nécessité de surmonter de nombreux obstacles culturels et linguistiques. Les soutras passés en Chine, rédigés en sanskrit, y ont apporté pléthore de termes sans équivalents exacts, pour lesquels il a fallu trouver des néologismes parfois fort abstraits et d'usage non exclusivement religieux, car ces textes sacrés s'accompagnent d'une scolastique sophistiquée. Le bouddhisme a entraîné, au fil des siècles, la création de milliers de mots chinois, comme *monde* ou *instant*. Le sanskrit est en outre une langue indo-européenne, à la syntaxe et à la grammaire radicalement étrangères à celles du chinois, ce qui soulève d'épineuses difficultés de traduction (un exemple : les langues indo-européennes peuvent passer à l'« abstrait de qualité » par l'ajout d'un suffixe, comme on forme *liberté* à partir de *libre*, ce que ne permet pas le chinois classique ; il a fallu trouver un expédient). Face à cette tâche herculéenne, les populations d'Asie centrale, région où cohabitent de nombreuses langues dont le chinois, ont des atouts considérables. Le plus grand des traducteurs du bouddhisme, Kumarajiva, naît ainsi dans l'oasis de Kucha, sur la bordure nord du Taklamakan, vers 344. La région n'est alors pas sous domination chinoise : on y parle le koutchéen, mais Kucha est également en contact étroit avec l'Inde du Nord, par laquelle est arrivé le bouddhisme. Kumarajiva est justement le fils d'un aristocrate indien et d'une princesse koutchéenne, formé au bouddhisme dès son plus jeune âge, et maîtrise au moins le koutchéen et le sanskrit, ainsi que le chinois après une captivité dans le Gansu. Arrivé à Chang'an, il accomplit une immense œuvre de traduction en chinois des textes fondateurs du Grand Véhicule, tel le *Sûtra du Lotus*[11].

La Chine est ici en position de réception, non d'émission : pour la première fois depuis qu'on dispose de sources écrites, elle se met à l'école de l'extérieur. À certains égards, c'est un véritable décentrement de sa langue, de sa cosmologie imaginaire (le centre du monde bouddhique est le légendaire mont Meru, même si cette idée ne s'enracinera pas en Chine) et parfois de sa géographie concrète, car si des missionnaires bouddhiques se rendent en Chine, le mouvement se double bientôt – en sens inverse – de pèlerins chinois allant vers l'Occident chercher la source des textes sacrés[12]. Le moine Faxian, qui part pour l'Inde en 399, va jusqu'à lui attribuer le qualificatif de « pays central », ordinairement réservé à la Chine. Le plus célèbre des pèlerins chinois, Xuanzang, entreprend un long voyage à pied en 626-645, dont il laisse un récit très romancé qui servira de base, presque mille ans plus tard, à l'un des monuments de la littérature chinoise en langue vernaculaire, *La Pérégrination vers l'ouest*. Le décentrement est donc conscient. Le bouddhisme est clairement perçu comme une doctrine d'origine étrangère, dominée par une figure étrangère (le Bouddha historique), colportée par des étrangers, ce qui donnera d'ailleurs prise à des contre-attaques « nationalistes » menées au nom du taoïsme ou du confucianisme, et à des proscriptions occasionnelles au IXe siècle.

Ce premier grand dépaysement intellectuel avant la rencontre de l'Europe moderne laissera des traces indélébiles dans la conscience chinoise de l'altérité, mais la nouvelle religion n'en connaît pas moins une sinisation progressive. Celle-ci tient pour partie à un phénomène classique d'hybridation, notamment avec le taoïsme, rival « autochtone » qui se constitue en religion structurée en même temps que la pénétration du bouddhisme. Mais il y a mieux : la Chine devient en quelques siècles un nouveau centre pour le bouddhisme du Grand Véhicule, rayonnant à son tour sur l'Asie orientale, tandis que les circulations bouddhiques avec l'Asie centrale s'interrompent sous l'effet de plusieurs causes combinées. La première est le retrait politique et militaire chinois de cette région après la révolte d'An Lushan, au milieu du VIIIe siècle. La seconde est l'affaiblissement concomitant du commerce eurasien par voie de terre au profit du commerce maritime *via* le golfe

Persique et l'océan Indien, assuré de manière croissante par des marchands arabes et persans (dont des communautés s'établissent à Canton, à l'extrémité sud-est de la Chine). Le troisième, enfin, ce sont les conquêtes arabes, qui gagnent l'Asie centrale au VIIIe siècle, surtout après la prise de pouvoir de la dynastie abbasside en 750. Ce n'est pas le choc des empires qu'on a parfois dépeint. Certes, les armées du califat abbasside défont celles de l'empire des Tang à la bataille de la rivière Talas en 751, mais cet affrontement très éloigné des bases des deux puissances n'est pas la cause du reflux des Chinois, la révolte d'An Lushan jouant un rôle bien plus important ; le pouvoir abbasside ne s'impose d'ailleurs pas dans la région. Avant d'être politique, le basculement est culturel : longue et difficile, l'invasion s'accompagne d'une destruction des lieux de culte non musulmans, notamment bouddhistes, et d'une forte réduction du pluralisme religieux, même si l'islamisation de l'Asie centrale est progressive – celle des populations turciques ne commence véritablement qu'au Xe siècle[13]. La région reste sillonnée de voyageurs et de marchands mais elle se réoriente davantage vers l'ouest, ne serait-ce que par le biais du pèlerinage à La Mecque, et l'influence chinoise y diminue. La Chine, elle, tourne son regard d'Occident en Orient.

Si « la » Route de la soie des images d'Épinal n'a pas existé, l'Eurasie du Ier millénaire de notre ère a bel et bien été traversée d'échanges par voie de terre, certes discontinus et d'échelle généralement modeste, mais plus importants que par la suite – sauf à l'occasion de l'expansion mongole des XIIIe-XIVe siècles. En revanche, le primat accordé à la Chine dans la mythologie actuelle des « routes de la soie » minore le rôle pourtant crucial des acteurs locaux de ces échanges, généralement situés en Asie centrale, région où la Chine n'a fait parvenir des marchandises en masse que lors de ses phases d'expansion militaire. Ce n'est évidemment pas cette dimension de la présence chinoise que Pékin souhaite aujourd'hui mettre en avant, mais le fait est symptomatique : les ambitions commerciales et géostratégiques de la Chine sur le continent eurasien ne sauraient être entièrement dissociées.

CHAPITRE 3

La Chine, matrice de l'Asie ?
(VIIe-XIIIe siècle)

On a vu refleurir en 2020, dans des médias du monde entier, un discours sur les « valeurs asiatiques » ou « confucéennes » de discipline, d'autorité et de priorité du collectif sur l'individu, qui auraient permis à des États comme la Corée du Sud, Taïwan ou même la Chine de mieux maîtriser la pandémie que les États occidentaux. Les autorités et la presse chinoises ont souvent relayé cette interprétation, compatible avec une justification culturelle de l'autoritarisme. L'année précédente, en mai 2019, la RPC avait organisé une « Conférence sur le dialogue des civilisations asiatiques » sans grande portée, mais qui avait accouché d'un « consensus de Pékin » appelant les pays asiatiques à davantage de confiance en leurs cultures propres. Le thème d'une solidarité asiatique (l'« asiatisme ») fondée sur un héritage culturel commun venu de Chine, le confucianisme surtout, est donc de retour dans la rhétorique de la politique extérieure chinoise. Il a pourtant connu une éclipse de plusieurs décennies.

L'idée d'une unité asiatique n'est pas ancienne : la notion même d'Asie est une catégorie européenne, qui n'a vraiment commencé à s'imposer dans la région que dans la seconde moitié du XIXe siècle. Le premier pays à en faire un usage politique fut le Japon. Dans l'évolutionnisme social européen de l'époque, qui hiérarchisait les sociétés en fonction de leur place sur la frise universelle du progrès – de la « sauvagerie » des peuples primitifs à la « civilisation » euro-américaine –, l'Asie occupait un statut intermédiaire de continent au passé brillant mais entré en stagnation. Elle était donc à la fois un lieu concret et un stade retardataire du développement des sociétés, qu'on pouvait quitter pour rejoindre les rangs des pays les plus « civilisés », comme se proposaient de le faire certains modernisateurs de l'ère Meiji. À partir des années 1880, d'autres parlèrent non de quitter l'Asie, mais d'en prendre la tête et d'en chasser l'influence européenne. Ce courant asiatiste (ou panasiatiste) s'intéressait surtout à l'« Asie orientale », terme qui avait l'avantage de définir une sphère d'influence japonaise partageant des traits culturels importants (Japon, Chine et Corée surtout) tout en occultant la Chine, centre de gravité traditionnel de cette région, dont le Japon reprenait ainsi le flambeau. L'asiatisme fut ainsi une justification de la colonisation japonaise dans la région (Taïwan, Corée) et, surtout, de l'expansion nippone en Chine puis dans tout l'Asie-Pacifique lors de la Seconde Guerre mondiale (la « sphère de coprospérité de la Grande Asie orientale »)[1].

Le rapport des Chinois à l'asiatisme est marqué par cette expérience historique. De la fin du XIXe siècle aux années 1930-1940, l'idée a pu séduire des intellectuels et des dirigeants nationalistes, qui ont rêvé d'une solidarité asiatique contre l'impérialisme occidental (comme Sun Yat-sen) ou même, comme Chiang Kaï-shek, d'une Asie future dirigée avec vertu et bienveillance par la Chine, comme à l'époque impériale. En pratique toutefois, l'asiatisme a surtout servi de caution à l'impérialisme japonais et à la collaboration avec lui qu'a choisie le régime de Wang Jingwei pendant la Seconde Guerre mondiale[2]. Il a donc plutôt mauvaise presse après 1945, d'autant que le PCC, qui prend le pouvoir en 1949, y est hostile : ses solidarités sont idéologiques et non civilisationnelles, surtout dans une Asie divisée par la guerre froide. Dans les années 1970-1980, l'asiatisme comme idéologie politique connaît une timide résurgence, non en Chine même mais dans le Singapour de Lee Kuan-yew, dont la population est aux trois quarts d'origine chinoise. Lee préside au développement d'un discours culturaliste sur les « valeurs asiatiques », le confucianisme au premier chef, censé expliquer le succès économique de la cité marchande (puis des autres « dragons ») mais aussi lui donner un supplément d'âme, et ainsi prémunir Singapour contre les maux de la modernité capitaliste occidentale, comme le dissensus et l'obsession pour la liberté individuelle. En 1993, la déclaration de Bangkok, signée par plusieurs représentants de pays asiatiques, fait des valeurs asiatiques une justification de l'autoritarisme, en appelant à « moduler l'universalité des droits de l'homme » en fonction des cultures[3].

Or la RPC, isolée après la répression du mouvement de Tian'anmen et en pleine réhabilitation de la tradition chinoise, signe la déclaration de Bangkok. L'asiatisme culturel est devenu un recours possible contre les injonctions à se conformer au modèle libéral qui triomphe après la guerre froide[4]. Aujourd'hui, il arrive aussi qu'il soit mis en avant pour suggérer que la Chine aurait, au Moyen Âge, inventé un type proprement asiatique de relations internationales dont l'Asie contemporaine pourrait s'inspirer avec profit : le « tribut », par lequel ses voisins de moindre taille reconnaissaient le primat (culturel, rituel, politique) de l'Empire chinois, qui leur assurait en échange une bienveillante protection. Pour certains auteurs chinois, mais parfois également coréens ou japonais, ces relations tributaires fournissent un modèle plus réaliste – sinon plus flatteur – pour penser les équilibres actuels de la région qu'un schéma postulant la coexistence d'États également souverains[5]. On est plus prudent à Pékin, car tout discours « asiatiste » qui ferait écho à la rhétorique japonaise d'avant 1945 serait de mauvais ton : quand, au Forum de Boao pour l'Asie de 2014, Xi Jinping peint l'avenir du continent aux couleurs d'une « communauté de destin » (*mingyun gongtongti*), la formule pourtant lénifiante crée un certain malaise, car elle évoque par trop la « sphère de coprospérité ». Il reste que la mémoire de l'ancienne centralité chinoise en Asie orientale persiste, et façonne le regard porté par la Chine sur ses relations avec ses voisins proches. Tentons ici d'en retracer l'histoire à grands traits.

La naissance du « monde sinisé »

L'empreinte culturelle chinoise n'est pas circonscrite par des frontières linéaires ; elle s'estompe par gradients. Elle est aujourd'hui plus manifeste en Asie orientale et dans une partie de l'Asie du Sud-Est (Corées, Japon, Vietnam) que dans des régions pourtant proches de la Chine, influencées et parfois anciennement contrôlées par elle, au nord (Mongolie), à l'ouest (Asie centrale) ou au sud (Birmanie...). Une des raisons en est que la prépondérance de la haute culture chinoise y a longtemps été exclusive, tandis qu'elle a été concurrencée ailleurs par d'autres grands foyers de civilisation (Inde, bouddhisme tibétain, islam...). Le rayonnement chinois à l'est et au sud est un phénomène fort ancien, remontant au moins à l'annexion par les dynasties Qin-Han (221 av. J.-C.-220 ap. J.-C.) de parties de la Corée et du Vietnam actuels. Distinguer l'influence chinoise sur ces régions et celle qui s'exerce dans la partie méridionale de la Chine actuelle relève d'ailleurs, dans une certaine mesure, de l'illusion rétrospective. Pendant des siècles, ce que nous appelons le nord du Vietnam fut une partie de l'empire au même titre que le Guangdong (province où se trouve Canton), dont les populations se trouvaient dominées par des élites chinoises qui ne leur étaient pas moins étrangères : nous ne distinguons ces deux phénomènes qu'en raison, d'une part, de l'indépendance ultérieure du Vietnam, et d'autre part, de la colonisation de peuplement chinoise au sud du Yangzi (et de l'assimilation progressive des locaux).

Cependant, l'influence chinoise s'étend au-delà des territoires qui furent, à un moment ou à un autre, directement administrés par la Chine. L'ancienneté de sa culture écrite, son niveau d'organisation et de division du travail, la masse des empires qui le contrôlent font du pays un centre de gravité économique, politique et culturel pour sa région. Ainsi se forment les premiers contours de ce que le sinologue Léon Vandermeersch a appelé le « monde sinisé », qui porte la marque de la haute culture chinoise comme notre Europe porte celle de la chrétienté latine[6]. La sinisation de l'Asie orientale, si elle est ancienne, connaît une accélération nette sous les Tang. Cela tient d'abord à la puissance de leur empire, sans commune mesure avec celle des États qui le bordent à l'est. Mais la propagation du bouddhisme joue également un rôle décisif. La Chine, un moment décentrée par l'arrivée de la nouvelle religion, devient un centre de diffusion des doctrines du Grand Véhicule, dont les textes traduits en chinois connaissent en Asie orientale une fortune extraordinaire. Le bouddhisme est introduit pour la première fois dans la péninsule coréenne à la fin du IVe siècle, dans le royaume de Koguryo. Par la suite, la Chine consolide son statut de terre d'élection du bouddhisme, avec ses multiples écoles, ses monastères célèbres, ses moines illustres, ses missionnaires et ses pèlerins étrangers – qui se livrent ainsi à une bonne œuvre, puisque non contents de se former auprès des maîtres chinois, ils rapportent chez eux textes sacrés et reliques. Les deux autres royaumes coréens, Paekche et Silla, en contact moins direct avec l'espace chinois, adoptent la nouvelle religion au VIe siècle. En cette matière comme en d'autres, les Tang marquent une accélération de l'influence chinoise. En 626, le moine chinois Xuanzang entame son périple vers l'Inde, mais simultanément, ce sont des moines japonais qui entreprennent leurs propres pèlerinages vers l'empire. L'idée d'une simple influence chinoise ne rend pas compte de la multiplicité des acteurs impliqués, et notamment du rôle d'interface que joue la péninsule coréenne entre la Chine et le Japon – à tel point qu'on parle parfois de culture « continentale » (plutôt que « chinoise ») pour désigner les emprunts de l'archipel à ses voisins occidentaux. C'est *via* Paekche, le royaume coréen le plus méridional, que le bouddhisme pénètre au Japon au VIe siècle. Il s'y épanouit au début du VIIe siècle sous l'influence du prince Shōtoku, grand partisan des emprunts à la Chine et, dans les faits, à la Corée (il s'est initié au bouddhisme auprès de moines venus de la péninsule)[7]. À partir de l'ère de Nara (710-794), le bouddhisme devient quasiment religion d'État, au point que la capitale impériale se déplace à Heian (Kyoto aujourd'hui) en 794 pour échapper à l'emprise devenu étouffante des grands monastères. Ce soutien officiel particulièrement vigoureux explique en partie l'importance énorme que prend le bouddhisme dans la vie spirituelle, culturelle et littéraire du Japon, plus grande encore qu'en Chine et en Corée. La ville de Kyoto en porte encore le témoignage, avec ses centaines de temples et de monastères.

Le bouddhisme ne voyage pas seul. Pèlerins et missionnaires facilitent d'autres circulations matérielles et intellectuelles. Ainsi, dans la péninsule coréenne, l'introduction des vêtements de cour Tang est due à des moines bouddhistes, qui jouent également un rôle important dans la propagation de notions confucéennes, comme la piété filiale. Car si le confucianisme, devenu idéologie d'État, finira par l'emporter sur le bouddhisme en Corée (comme en Chine), les deux doctrines ne sont pas tout de suite perçues comme concurrentes, mais plutôt deux composantes de la haute culture écrite venue de Chine. Ce point est essentiel. L'écriture apparaît en Corée, au Japon et au Vietnam actuels comme écriture *chinoise* destinée à noter la langue chinoise classique, celle des grands textes bouddhiques traduits, mais aussi des classiques « confucéens » de l'Antiquité, puis des textes plus contemporains – le poète Tang Bai Juyi est célèbre au Japon de son vivant, et y reste après sa mort un auteur dont on peut réciter les œuvres de mémoire. On peut à peine parler de fascination pour une culture étrangère : pour un lettré coréen ou japonais de l'an 1000, qui lit et écrit le chinois même s'il ne sait généralement pas le parler, les *Entretiens* de Confucius sont un texte aussi familier que, pour un clerc français de la même époque, les *Épitres* du juif romain Saint Paul. Les pays du monde sinisé développeront plus tard leurs propres systèmes d'écriture (*kana* japonais, *hangeul* coréen, *quôc ngu* vietnamien) et, au Japon surtout, une littérature en langue vernaculaire, mais le lien avec l'écriture chinoise et le chinois classique, ce latin d'Extrême-Orient, ne sera jamais rompu. Au sein même de ces langues vernaculaires, le chinois est encore aujourd'hui la source d'une part très importante du lexique (chinois, japonais et coréen ont environ la moitié de leur vocabulaire en commun)[8].

L'intérêt des élites politiques coréennes, japonaises et vietnamiennes pour le confucianisme et le bouddhisme ne vient pas d'une pure curiosité philosophique ou religieuse : le confucianisme est d'emblée une pensée politique, transformée en idéologie d'État par les Han, et le bouddhisme lui-même est conçu, en Asie orientale, comme une source de légitimité pour les pouvoirs. Car on n'emprunte pas à la Chine que sa langue et ses textes : le grand voisin est un modèle pour la construction des États de la région. Dès l'époque Qin-Han, des États voisins de la Chine obtiennent de l'empereur des titres et une investiture qui, sans toujours impliquer de réelle allégeance, permettaient à un chef local de rehausser son statut. La pratique survit à la fragmentation des IIIe-IVe siècles, car le prestige du titre impérial survit quand l'État chinois qui le revendique est assez puissant. Très tôt donc, la tradition politique de la région est en partie sinisée, mais ce phénomène prend une ampleur nouvelle au pic du prestige des Tang, avant la révolte d'An Lushan : en 640, les princes des États coréens, de Karakhoja (au Xinjiang actuel), du Tibet et du Japon étudient tous à l'académie impériale de Chang'an[9]. Si la dynastie Song (960-1279), qui succède aux Tang, n'est que l'ombre de la précédente sur le plan militaire, l'intérêt des voisins pour le modèle politique chinois se maintient, voire se généralise, puisque l'époque voit la formation, dans les steppes du Nord, de plusieurs États qui lui empruntent lourdement. Mais commençons par dire un mot du cœur du « monde sinisé » en Asie orientale : la Corée et le Japon (on pourrait faire des remarques en partie similaires pour le Vietnam).

Des États dérivés

L'existence même de l'État coréen est inextricablement liée à l'histoire de l'Empire chinois. Le nord de la péninsule entretient avec la dynastie Han un rapport de vassalité puis, à partir de 109 av. J.-C., de subordination directe, avec l'instauration de « commanderies » où des dirigeants venus de Chine gouvernent une population locale qui parle une langue non chinoise (on pourrait d'ailleurs en dire autant, à l'époque, de nombreuses régions situées au sud du Yangzi). Cette administration chinoise se voit progressivement refoulée par des pouvoirs autochtones, en particulier le royaume de Koguryo. Au début du IVe siècle de notre ère, celui-ci a totalement remplacé les commanderies chinoises, et s'étend au Ve siècle sur les deux tiers de la Corée et une bonne part de la Mandchourie actuelles. Soucieux d'affirmer sa culture propre, cet État proto-coréen ne s'en modèle pas moins étroitement sur les dynasties chinoises, notamment les Jin (265-420), réunificateurs de l'empire entre 280 et 304, auxquels les rois de Koguryo empruntent par exemple leur code de lois. Dans les deux royaumes du Sud, Paekche et Silla, l'influence chinoise est moins ancienne, mais les souverains font en sorte de se faire reconnaître et décerner des titres par la cour des Jin. Les prétentions chinoises sur la péninsule reprennent sous les Sui et les Tang, qui finissent par abattre Paekche (663) puis Koguryo (668) avec l'aide de Silla. Ce dernier réussit toutefois à tenir à distance son encombrant allié, et à conserver son indépendance de fait au prix d'une apparence de soumission. Se stabilise ainsi une relation de suzerain/vassal avec la Chine dont la Corée sera jusqu'à la fin du XIXe siècle, bien qu'avec des péripéties, le « tributaire » le plus constant : le souverain coréen reçoit le titre de « roi » de l'empereur chinois, lui envoie régulièrement des ambassades chargées de présents – le tribut – et reçoit en retour des cadeaux de valeur supérieure, utilise le calendrier chinois ; en cas de besoin, le royaume tributaire doit assistance à l'empire et peut solliciter sa protection[10].

L'État japonais fournit un point de comparaison intéressant, car il connaît une naissance en partie comparable, mais plus tardive et marquée par un plus grand éloignement du centre chinois. On trouve, à partir du Ier siècle de notre ère, la trace de dirigeants situés au Japon actuel qui obtiennent l'investiture du Fils du Ciel chinois – au Ve siècle, ce sont plusieurs missions de l'archipel qui se rendent en ambassade auprès des dynasties du sud de la Chine pour demander qu'elles confèrent titres, sceaux et bannières à ce que les sources chinoises appellent les « rois des Wa ». Ces derniers utilisent le soutien chinois, lointain et symbolique, pour s'imposer à leurs rivaux dans un espace « japonais » encore très fragmenté et parfois sur la péninsule coréenne, dont les Wa ne seront chassés qu'au VIe siècle. Ce siècle, qui voit l'interruption des ambassades sur le continent, est en revanche celui de la centralisation de la monarchie dite « du Yamato » (Japon occidental actuel), qui emprunte aux institutions chinoises comme l'avaient fait les royaumes coréens, avec un retard de quelques décennies sur ceux du Sud (Paekche en particulier, qui joue le rôle d'interface avec la Chine). On sait que les premiers écrits en chinois du Japon, aujourd'hui perdus, datent de cette époque, et ont pour fonction de légitimer le pouvoir royal. Au début du VIIe siècle, sous l'impulsion du régent Shōtoku, le Yamato reprend langue avec l'empire, ramené à ses dimensions maximales par les Sui (puis les Tang), et le mimétisme s'accélère : les seize ambassades japonaises dépêchées sous les Tang sont avant tout des missions d'apprentissage, la monarchie du Yamato se bureaucratisant sur le modèle chinois et empruntant à son immense voisin le registre confucéen de légitimation du pouvoir, tout en promouvant le bouddhisme. Code des Tang, recensement, divisions administratives, titres, urbanisme de la capitale Nara, premiers écrits (en caractères chinois) calqués sur les histoires dynastiques chinoises : la liste des emprunts est considérable. Le « Japon » (*Nippon,* terme apparu à la fin du VIIe siècle) est donc, comme la Corée, un État formé par mimétisme avec l'Empire chinois. Mais très vite, son caractère insulaire et relativement excentré lui permet d'afficher un rapport plus distant à son modèle. En même temps qu'elle se sinise profondément, la monarchie japonaise refuse, à partir du VIIe siècle et avec une seule exception, de prêter allégeance et de porter le tribut à l'empereur de Chine. Dès 607, l'ambassade Yamato a le culot de porter à la cour Sui un message du « Fils du Ciel de la région du soleil levant au Fils du Ciel de la région du soleil couchant ». Quelques décennies plus tard, le souverain japonais s'arroge le titre de *tennō*, « Empereur céleste », ce que presque aucun roi coréen n'a osé faire. Quant aux premières chroniques « à la chinoise », elles affirment en même temps l'origine divine de la dynastie : le Japon proclame son absolue singularité dans le langage même qu'il emprunte à la Chine[11].

La fin des ambitions territoriales Tang puis la faiblesse relative des Song ne mettent pas fin à l'attrait des institutions chinoises. Silla, puis son État successeur Koryo (935-1392), d'où vient notre « Corée », s'approprient notamment le système des concours impériaux généralisés par les Song, consacrant ainsi le triomphe de la tradition confucéenne chinoise, dont les textes forment la base des épreuves. La similitude des institutions cache toutefois des différences importantes. En Corée, l'aristocratie restée puissante capte le système des concours, qui lui sert de mécanisme de légitimation, de reproduction et de compétition interne. La trajectoire japonaise est encore plus divergente : le pouvoir impérial organisé à la chinoise s'affaiblit à partir du Xe siècle, laissant progressivement le champ libre à des hommes en armes (les futurs samouraïs) qui se rangent derrière de grandes familles disposant de domaines hors de la capitale. Ce processus culmine en 1192 quand l'empereur, privé de tout pouvoir réel, est contraint de conférer à un représentant de la noblesse militaire le titre de *shogun* (« général ») ; les *shogun* exerceront le pouvoir effectif jusqu'au XIXe siècle. L'influence chinoise ne se tarit pas pour autant, mais en Corée comme au Japon, elle a servi à conforter l'émergence d'États autonomes et pourvus de fortes singularités.

La « Chine parmi ses égaux » ?

C'est d'autant plus vrai que la Chine connaît, aux Xe-XIe siècles, une dégradation considérable de sa situation géopolitique. Le passage des Tang aux Song n'est pas le simple remplacement d'une dynastie par une autre, mais un changement de société. En 907, les Tang finissent par succomber à l'autonomisation des gouverneurs militaires. Les Song, qui s'imposent en 960, prennent acte du problème et lui apportent une solution radicale. Les concours impériaux, déjà mis en place par les Tang pour faire contrepoids à leur encombrante aristocratie militaire, deviennent la voie royale pour accéder aux responsabilités et l'institution autour de laquelle s'organisent tous les efforts éducatifs de l'élite terrienne, consacrant le primat des lettrés sur la noblesse guerrière. Ce que l'empire y gagne en stabilité, il le perd toutefois en puissance militaire. Les Song règnent sur un pays où fleurissent le commerce et les arts, mais qui est beaucoup plus restreint que celui des Tang, et dont le centre de gravité économique et démographique se déplace franchement vers le sud.

Les Tang, à leur âge d'or, exerçaient une suprématie régionale qui avait conduit à une certaine systématisation de la pratique tributaire, le protocole réglant la fréquence des ambassades, les préséances entre visiteurs et l'étiquette des audiences et des échanges de présents. À la fin des Tang et sous les Song, cette centralité se délite au profit de relations beaucoup plus équilibrées. La Chine se trouve contrainte de vivre « parmi ses égaux[12] », dans un système régional qu'on peut qualifier de multipolaire, plus durable que la brève bipolarité Han/Xiongnu (voir le chapitre 1)... et beaucoup plus dangereux. La menace ne vient pas des États profondément sinisés de l'Est (Corée, Japon) et du Sud (Vietnam), mais de nouveau du nord et de l'ouest, où les pouvoirs nomades se reconstituent après le reflux des Tang. Ce n'est pas la simple résurgence d'un éternel et unique « empire des steppes[13] », car les rivaux des Song dans ces régions empruntent bien plus lourdement à la Chine que ne le faisaient les Xiongnu en leur temps.

Dès leur arrivée au pouvoir, les Song se trouvent confrontés à un paysage stratégique éclaté, sans hégémonie bien définie. Laissons de côté les pourtours méridionaux de l'empire. Au nord-est, les Chinois doivent compter avec les Kitan. Ces éleveurs nomades, dont la langue est parente du mongol, construisent un État dans le sud de la Mandchourie actuelle à la chute de l'empire Tang. Au cours du Xe siècle, leurs dirigeants prennent le titre chinois d'empereurs puis le nom dynastique chinois de Liao, étendant leur domination sur la zone des steppes, de la Corée aux monts

Tianshan. Autour de l'an 1000, l'empire Liao est la plus grande puissance militaire d'Asie orientale et traite avec des États aussi éloignés que le Japon et l'Empire abbasside – plus tard, sous les Mongols, l'ethnonyme *Kitan* se diffusera dans toute l'Eurasie pour désigner la Chine du Nord, et par extension la Chine (la Kitai russe, la Cathay de Marco Polo). Au XIe siècle, les Liao perdent du terrain sur leur flanc sud-ouest (au nord-ouest des Song) face au nouvel empire Xi Xia des Tangoutes, un peuple apparenté aux Tibétains et qui règne lui aussi sur une mosaïque ethnique mêlant nomades et sédentaires. Au début des XIIe siècle, c'est un troisième peuple du Nord, les Jürchen (ancêtres des Mandchous), qui fonde en Mandchourie septentrionale un empire au nom chinois, les Jin, et supplante bientôt les Liao avant d'envahir toute la Chine du Nord. Liao, Xi Xia et Jin empruntent abondamment au répertoire politique et culturel chinois : titre impérial et nom dynastique, choix d'une capitale fixe, calendrier chinois, adoption de l'écriture, et pour les Jin installés en Chine du Nord, concours confucéens, langue chinoise écrite... Toutefois, le mimétisme reste moins poussé qu'en Corée et au Japon. Les systèmes d'écriture Liao et Xi Xia s'inspirent des sinogrammes sans les reproduire, et chez les Jin, l'acculturation des élites se fait avec des atermoiements et de fortes tensions. Pour des peuples guerriers et mobiles, le modèle chinois (particulièrement celui des Song) présente un dilemme qui n'est pas qu'identitaire : son adoption faciliterait l'administration d'une société sédentaire complexe, mais elle entraînerait aussi la dilution des conquérants dans les populations conquises et leur affaiblissement militaire[14].

Les Song, confrontés aux attaques des Liao, des Xi Xia puis des Jin, sont contraints pour survivre de jouer les uns contre les autres, et surtout d'en rabattre fortement sur les grandioses prétentions du Fils du Ciel – il y en a d'ailleurs plusieurs, puisque les Liao et les Jin s'attribuent ce titre. En 1005, l'empereur Zhenzong conclut la paix de Shanyuan avec les Liao, un accord qui engage les Song à leur verser un lourd tribut, malgré les protestations de lettrés chinois qui méprisent intensément les barbares du Nord. Compte tenu du rapport de force, la formule est jugée moins coûteuse qu'un aventurisme militaire sans espoir. Elle sera répétée par la suite, avec les Xi Xia et surtout les Jin, qui imposent en 1142 aux Song un accord humiliant où ils apparaissent clairement comme leurs vassaux. Il faut dire que la dynastie chinoise n'est plus que l'ombre d'elle-même. En 1127, les Jürchen ont fini la conquête de la Chine du Nord, le cœur du « pays central », repoussant les Song au sud du fleuve Huai et s'imposant comme la première puissance asiatique. Plusieurs États, comme le Tibet, profitent de ce rapetissement pour cesser de reconnaître la suzeraineté chinoise. La formation d'une Asie sinisée n'a donc pas accouché seulement d'État distincts, mais de rivaux qui ont bien failli se révéler mortels. Failli, car à partir de 1211, de nouveaux envahisseurs venus de la steppe balayent en quelques décennies les Xi Xia, les Jin, puis les Song eux-mêmes : les Mongols.

Il ne fait pas de doute que la Chine a joué un rôle de matrice culturelle pour ce que nous appelons aujourd'hui l'Asie orientale, même si les pays qui la composent ont, par ailleurs, toujours cultivé leurs singularités. Pour autant, ce rayonnement culturel n'a pas – et n'a jamais eu – de traduction politique univoque : si la Chine a souvent fait reconnaître sa primauté en imposant à ses voisins des relations tributaires selon ses termes, elle leur a aussi inspiré des institutions qui se sont révélées décisives dans la construction des États de la région. Ce sont ces mêmes États qui revendiquent jalousement leur indépendance aujourd'hui, rendant d'une utilité politique limitée les appels chinois à l'unité civilisationnelle, qui renvoient trop évidemment à la revendication d'une prépondérance régionale.

CHAPITRE 4

Pourquoi la Chine n'a-t-elle pas conquis le Nouveau Monde ? (XIIIe-XVIIe siècle)

Un thème central de l'exceptionnalisme chinois veut que la Chine ait été l'agent, dans le temps long, d'une mondialisation vertueuse et non prédatrice. De ce point de vue, la mise en contact des différentes parties du monde à l'ère moderne par un Occident conquérant représente une bifurcation tragique dans le cours de l'Histoire – le début d'une unification violente qui *aurait pu* ne pas l'être si seulement les Chinois, et non les Européens, avaient pris la mer. Le nom qui incarne ce chemin non emprunté est celui de Zheng He, « amiral » chinois au service des Ming qui commanda au début du XVe siècle des flottes gigantesques jusqu'en Arabie et en Afrique orientale, sans que ces navigations ne débouchent sur des conquêtes, ni même sur des échanges durables : dès les années 1430, il ne reste plus grand-chose de ces entreprises titanesques (des dizaines de navires, de gabarit très supérieur aux caravelles espagnoles, portant des milliers d'hommes), et c'est aux expéditions ibériques que revient, un demi-siècle plus tard, de marquer le début de la mondialisation proprement dite.

L'épisode se voit investi d'une signification idéologique au tournant du XXe siècle, quand des auteurs chinois aux prises avec le déclassement de leur pays dans un monde élargi et dominé par l'Occident se réapproprient la figure de Zheng He. À l'époque toutefois, c'est pour se désoler de cette occasion manquée de se couvrir de gloire et de coloniser de nouvelles terres. Le grand intellectuel Liang Qichao déplore ainsi en 1905 que Zheng He n'ait pas eu de successeurs tandis que Vasco de Gama, Magellan et Christophe Colomb faisaient des émules, permettant à l'Europe d'ouvrir « l'époque la plus brillante de l'Histoire », celle de la mise en contact de l'Ancien et du Nouveau Monde[1]. Ce regret alimente pendant des décennies le fantasme d'une découverte de l'Amérique par la Chine[2]. Entre-temps, en Chine, si l'enthousiasme pour l'idée de colonisation a faibli depuis Liang Qichao, les expéditions Ming restent le symbole d'une époque où le pays regardait vers l'océan et ne s'était pas encore replié derrière la Grande Muraille – caricature à la popularité durable, tant dans l'imaginaire occidental de l'« empire immobile[3] » que dans celui des partisans chinois de l'ouverture aux échanges internationaux. En 1988, neuf ans après le début des réformes de Deng Xiaoping, la télévision d'État diffuse un documentaire (*L'élégie du fleuve*) qui plaide de manière particulièrement franche pour la libéralisation de la politique et de l'économie, et oppose l'attirance des Occidentaux pour le grand large, moteur de la modernité depuis les « grandes découvertes », au tropisme continental de l'autoritarisme chinois. En 2006 encore, le documentaire à grande audience *L'ascension des grandes puissances* s'ouvre sur un tableau admiratif de l'expansion ibérique.

C'est déjà presque un anachronisme. Hors de Chine en effet, l'image des « grandes découvertes » a connu une lente mais profonde mutation. La figure de Colomb, en particulier, a vu son étoile pâlir considérablement, en particulier depuis une trentaine d'années : le pionnier du Nouveau Monde est désormais l'incarnation des crimes de l'impérialisme européen aux Amériques – et, par extension, dans le monde –, la littérature « décoloniale » prenant volontiers 1492 comme point de départ d'une modernité globale conçue comme inséparable de la « colonialité[4] ». Une telle perspective repose telle quelle la vieille question de l'eurocentrisme triomphant (pourquoi l'Europe, et l'Europe seule, a-t-elle conquis le monde ?) en retournant son jugement de valeur implicite. Pour l'exceptionnalisme chinois actuel qui a fait sienne cette condamnation, Zheng He n'est donc plus un Colomb autochtone ou manqué, mais un anti-Colomb, et ses expéditions, la preuve que la Chine, quand elle s'est tournée vers les océans, l'a fait dans un esprit d'échange pacifique et bienveillant plutôt que de prédation.

Le Parti-État commence à promouvoir activement la figure de Zheng He dans les années 1980, quand les ambitions maritimes de la RPC commencent à s'affirmer, consécration qui culmine avec la cérémonie d'ouverture des Jeux olympiques de 2008 (qui lui fait une large place) et par une série télévisée de 2009 qui connaît un retentissant succès d'audimat. En diplomatie, Zheng est particulièrement invoqué en Asie du Sud-Est, où la Chine a fort à faire pour convaincre ses voisins qu'ils n'ont rien à craindre de l'expansion de ses flottes marchande et militaire ainsi que de son réseau de ports. Dans cette région, la légende dorée de Zheng He permet en outre aux Chinois d'outre-mer de se rattacher à une histoire glorieuse qui met en valeur leur rôle retrouvé d'intermédiaires avec le continent chinois. À Singapour, l'International Zheng He Society promeut ainsi l'« esprit Zheng He », érigé en saint patron des causes les plus variées – commerce, paix, dialogue interculturel et même management : un professeur de la *business school* de l'Université nationale de Singapour a consacré un livre aux leçons de Zheng He en termes de *leadership*, de logistique, de travail collectif et même « d'inclusivité *corporate* des différentes religions[5] ». Beaucoup pour un seul homme, donc.

L'héritage mongol et le projet du « Grand État »

Avec les voyages de Zheng He, on quitte le rivage des imaginaires de l'universel (chapitre 1) ou du rayonnement régional (chapitres 2 et 3) pour aborder celui de la mondialisation au sens strict : l'époque où les différentes parties du monde entrent en contact suivi, conscient et impliquant des pans assez larges des sociétés concernées. Ainsi entendue, elle ne commence vraiment qu'à notre époque moderne, mais en prolongeant des dynamiques longues de « désenclavement[6] » qui sont loin de ne travailler que l'Europe : moins d'un siècle avant la découverte de l'Amérique par les Européens, la Chine a elle aussi envoyé des navires plus loin qu'elle ne l'avait jamais fait, bien que de manière plus fugace, et géographiquement plus limitée.

Les expéditions de Zheng He ne s'inscrivent pas dans une histoire « purement » chinoise : on ne les comprend qu'en remontant jusqu'à la conquête mongole de la Chine au XIIIe siècle. Car la dynastie Jürchen des Jin ne profite pas longtemps de son triomphe de 1127 sur les Song, repoussés au sud du fleuve Huai (voir le chapitre 3). Un siècle plus tard, elle est balayée par un ennemi venu de l'ouest, les Mongols fédérés par Gengis Khan (vers 1167-1227) puis par ses descendants, qui étendent leur domination sur la majorité de l'Eurasie en quelques décennies. Koubilaï, un petit-fils de Gengis Khan, se lance à l'assaut de la Chine du Sud en 1268 et élimine les derniers héritiers des Song en 1279. Il fonde dès 1271 une dynastie qui porte le nom chinois de Yuan. Koubilaï a été élu « grand Khan » (*kaghan*), mais il n'exerce qu'une suzeraineté de papier sur le khanat de Djaghataï (qui couvre l'Asie centrale), le khanat de la Horde d'Or (qui s'étend de la Sibérie occidentale à la mer Noire) et l'Ilkhanat de Perse ; le sien propre comprend l'espace chinois, la Mongolie, la Mandchourie et le Tibet. Son centre de gravité démographique et économique est sans discussion possible la Chine. Koubilaï s'installe ainsi à Khanbalik, le futur Pékin, tout en conservant une capitale mongole (la « Xanadu » de Coleridge). L'empire des Yuan est aussi éphémère que vaste : en 1368, il succombe à une série de révoltes paysannes qui portent au pouvoir Zhu Yuanzhang, fondateur de la dynastie des Ming (1368-1644), la dernière famille ethniquement chinoise à occuper le trône impérial.

Le ralliement de la dynastie mongole aux mœurs chinoises, qui a précédé – voire, pour certains, préparé – sa chute, est un thème classique de l'historiographie. En revanche, le legs en Chine des souverains mongols a longtemps été moins souligné. Or si les invasions mongoles ont été massacrantes, elles ont aussi marqué un tournant dans la culture politique chinoise qui, pour n'être pas revendiqué, n'en est pas moins important. Comme l'a souligné Timothy Brook, elles y introduisent notamment la notion de « grand État », *yeke ulus* en mongol, qui émerge après que Temüjin prend le titre de Gengis Khan (« souverain océanique ») en 1206. Les frontières d'un « grand État » ne sont pas définies ; elles ont vocation à être toujours repoussées par la conquête ou la subjugation des autres princes. Traduite *da guo* en chinois, cette désignation officielle est récupérée par les Ming qui émettent leurs documents au nom du *da Ming guo*, le « grand État Ming ». On assiste ainsi à la fusion des vieilles prétentions chinoises à « pacifier le *tianxia* », qui pouvaient en réalité s'accommoder d'une politique étrangère assez prudente, et des grandioses ambitions expansionnistes de Gengis Khan, qui ne s'embarrassent guère de la mission civilisatrice confucéenne[7].

Zhu Yuanzhang, qui règne sous le nom d'« empereur Hongwu », se méfie des aventures militaires à l'étranger, mais il ne veut pas viser à un prestige moindre que les « barbares » auxquels il a arraché le pouvoir, et il a fort à faire. En effet, le périmètre de l'État Ming est plus étroit que celui de l'État Yuan, ne couvrant ni la Mongolie, ni la Sibérie, ni le Tibet. Depuis sa fondation jusqu'au milieu du XVe siècle, la dynastie Ming cherche donc à étendre son autorité dans deux directions, vers les steppes mongoles au nord et vers les « mers du Sud » (l'Asie du Sud-Est). Dans les deux cas, elle suit un chemin tracé par les Mongols. Dès le règne de Koubilaï Khan, ces derniers avaient cherché à prolonger outre-mer leur fulgurante expansion continentale, en mettant à profit un art chinois de la navigation et des réseaux marchands en Asie du Sud-Est qui s'étaient considérablement développés sous les Song. En 1274 puis 1281, ils avaient échoué à prendre pied au Japon, se heurtant à la résistance locale et, la seconde fois, à un typhon qui avait dévasté leur flotte (le « vent divin », *kamikaze* en japonais). En 1276, une mission des Yuan avait obtenu la soumission de Champa (dans le sud du Vietnam actuel) et de quelques États indiens, et la dynastie était intervenue militairement à Champa et Java à la fin du siècle pour y faire respecter ses émissaires. De même, l'empereur Hongwu attend des États voisins qu'ils viennent reconnaître sa suzeraineté après son accession au trône. Impatienté par leur attentisme, il dépêche des ambassadeurs au Dai Viêt (nord du Vietnam), à Champa, en Corée, à Java, au Japon, ainsi que chez les Ouïghours et dans plusieurs États indiens. Il parvient à ses fins à force d'insistance et d'intimidation, bien que pour fort peu de temps auprès des Japonais, qui rompent définitivement les relations tributaires (brièvement rétablies) au XVe siècle.

Les expéditions de Zheng He prolongent et approfondissent cette diplomatie tous azimuts. La cause immédiate de leur lancement tient aux vicissitudes de la politique chinoise. Zhu Yuanzhang, qui meurt en 1398, a choisi un de ses petit-fils comme successeur, au grand dam de son fils cadet Zhu Di. Ce dernier corrige cette injustice en se révoltant contre l'empereur désigné, son neveu, dont les velléités centralisatrices l'incommodent par ailleurs : en 1402, il prend la capitale (Nankin) et se proclame empereur Yongle (« Félicité éternelle »), tandis que le malheureux empereur

Jianwen meurt dans l'incendie de son palais et que les lettrés qui s'opposent au coup d'État sont exécutés en masse. Le nouveau monarque va chercher à l'extérieur la légitimité qui lui manque auprès d'une partie des élites chinoises, et surenchérit donc sur l'activisme diplomatique de son père, auquel il ajoute une politique franchement expansionniste. Dès le début de son règne, il envoie de nouvelles ambassades dans tous les États environnants, promettant à tous une égale bienveillance, c'est-à-dire la possibilité de commercer avec la gigantesque économie que représente la Chine des Ming. L'empereur Yongle lance aussi des expéditions militaires massives, au nord pour tuer dans l'œuf toute nouvelle menace mongole, au sud pour imposer au Dai Viêt un souverain à sa convenance. La reconnaissance des pays d'outre-mer, pourtant, tarde à venir. C'est ce qui motive au premier chef les sept grandes expéditions maritimes chinoises organisées de 1405 à 1433 (Yongle, mort en 1424, n'a pas vu la dernière) et conduites par Zheng He. Les trois premières ne dépassent pas de beaucoup la pointe sud de l'Inde après un passage par Java et Sumatra, mais à partir de la quatrième, elles passent dans le nord de l'océan Indien occidental et atteignent le détroit d'Ormuz, la côte d'Arabie et l'Afrique de l'Est jusqu'au Mozambique.

De « grandes découvertes » chinoises ?

Comparer les voyages des Chinois avec ceux des Ibériques est une entreprise semée d'embûches idéologiques et intellectuellement contestable : il n'y a pas de raison de tenir pour la norme les expéditions portugaises

Le Grand État Ming à l'époque de l'empereur Yongle (1402-1424)

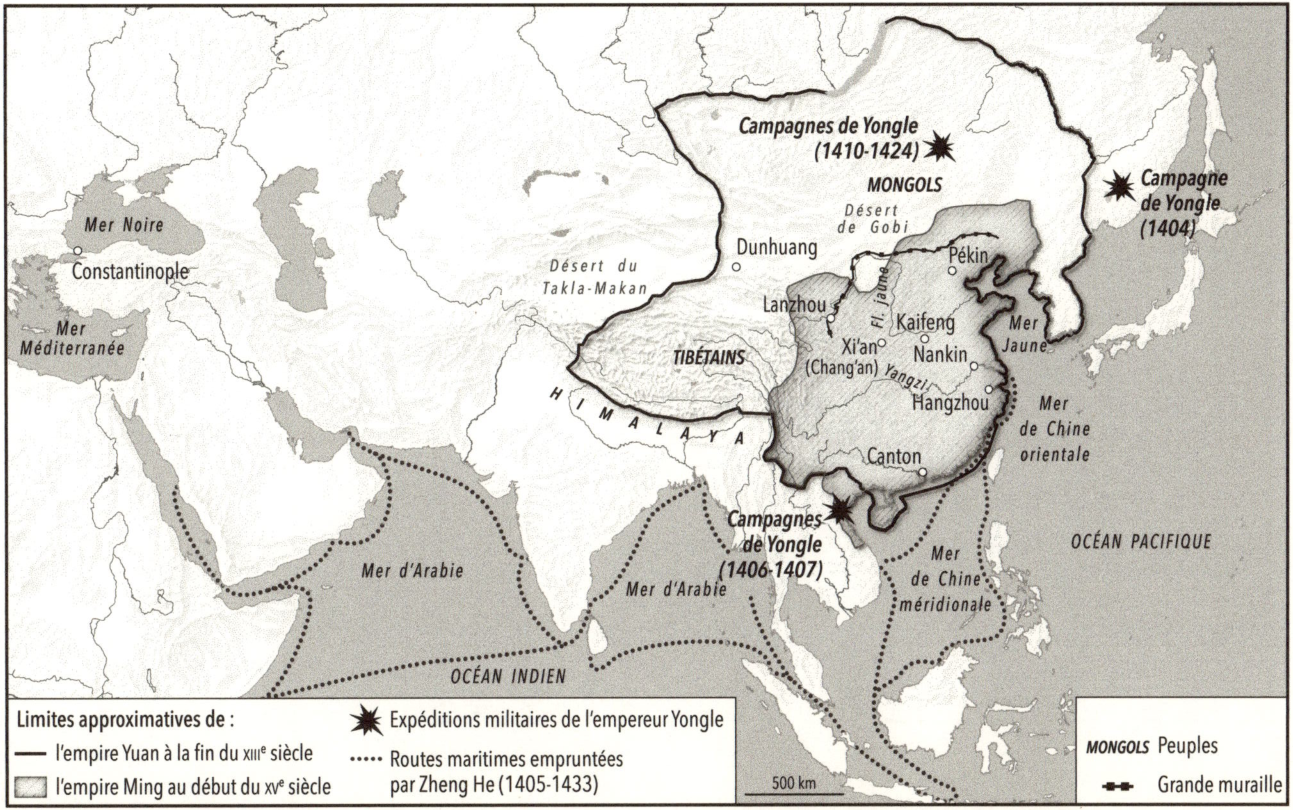

et espagnoles, qui répondent à d'autres logiques ; celles de Zheng He ne sont pas des « grandes découvertes » ratées. Il est toutefois difficile d'éviter cette comparaison, faite quasi systématiquement aussi bien en Chine qu'en Occident ou ailleurs. Utilisons-la donc comme point de départ provisoire à nos interrogations, et d'abord la plus évidente : Zheng He était-il un explorateur ? On sait que Portugais et Espagnols cherchent au XVe siècle à contourner le verrou mamelouk puis ottoman en Méditerranée orientale. L'exploration ibérique est d'abord celle de routes alternatives, par la pointe sud de l'Afrique pour les Portugais (Bartolomeu Dias la passe en 1488), par l'ouest pour le Génois Christophe Colomb au service des monarques espagnols. Les flottes de Zheng He, en revanche, empruntent des routes déjà connues et cartographiées, soit directement (les grandes jonques de mer chinoises sillonnent l'Asie du Sud-Est depuis les Song), soit indirectement : en poussant vers l'ouest, elles suivent tout simplement les itinéraires du commerce maritime musulman, qui parvient jusqu'en Chine depuis le VIIIe siècle et s'est intensifié à l'époque des Mongols. Ce « branchement » sur des routes de navigation existantes est d'ailleurs abondamment pratiqué par les Européens eux-mêmes, notamment les Portugais puis les Hollandais, qui s'appuient sur ces réseaux marchands dans l'océan Indien pour les supplanter. Quant à la destination, Européens comme Chinois cherchent à atteindre des lieux sinon toujours bien connus, du moins identifiés. On sait que Colomb lui-même se fonde sur une connaissance livresque de l'Orient, largement puisée dans Marco Polo, et qu'il refuse obstinément d'admettre qu'il n'a pas atteint son but premier mais un continent inconnu de la

Bible et des Anciens. Il n'en reste pas moins que cette réalisation progressive bouleverse en l'espace de quelques décennies la perception du monde en Europe, et que l'expansion vers les Amériques s'accompagne d'une curiosité dévorante qui se traduit, dans ce nouvel âge de l'imprimé, par une immense production écrite. En Chine, l'abordage des flottes de Zheng He aux côtes d'Arabie et d'Afrique n'entraîne rien de comparable. Les écrits qu'on en garde sont peu nombreux et, s'ils font état des produits curieux qu'on trouve à l'étranger, ne suscitent apparemment ni le *deseo de saber* (« désir de savoir »), ni la soif de conquête et de conversion qui gagnent l'Europe latine.

La notion de « grandes découvertes » fait aujourd'hui l'objet de vives critiques. Le problème n'est pas tant qu'elle soit eurocentrique : que les populations amérindiennes aient été au courant de leur propre existence est un truisme qui n'invalide pas le basculement décisif qu'a été l'élargissement des horizons géographiques des Européens, et après eux de toutes les civilisations d'Eurasie. Là où le bât blesse plus sérieusement, c'est que l'expression a longtemps servi à séparer les découvreurs des *conquistadores* brutaux et avides, les Colomb des Cortès, et que le partage ne tient pas[8]. Sur les côtes africaines et dans l'océan Indien, les navigateurs portugais érigent des stèles (les *padrões*) qui marquent une prise de possession ou la revendication d'un monopole commercial. Quand Christophe Colomb s'assure le soutien des Rois catholiques, c'est en promettant d'étendre leurs domaines et d'emplir leurs caisses d'or. Exploration, conquête, commerce et exploitation ne sont pas dissociables. On sait par ailleurs que le portrait de l'explorateur en aventurier du savoir défiant la tradition est un anachronisme. Colomb est habité par le sentiment d'une mission providentielle et une attente apocalyptique qui en font bien un Européen de la fin du XVe siècle, non un « moderne » avant l'heure : il doit convertir les païens, à commencer par le « Grand Khan », et mettre à profit les richesses des Indes pour aider des souverains chrétiens à reprendre Jérusalem. Plus généralement, l'expansion ibérique s'inscrit dans l'élan de la Reconquista et de la rivalité entre Chrétienté et Islam ; c'est d'ailleurs ainsi qu'elle est perçue par les Ottomans, fort marris de s'être fait doubler dans cette moisson d'âmes inespérée[9].

Les expéditions Ming prolongent elles aussi des mouvements antérieurs, en l'occurrence la pénétration commerciale Song en Asie du Sud-Est et l'expansion du « grand État » mongol. Mais Zheng He préside à une entreprise qui n'est ni de conquête (que les Ming conduisent sur terre, et non outre-mer), ni de commerce (elles coûtent beaucoup plus cher qu'elles ne peuvent rapporter), ni de conversion, ni même, on l'a vu, de connaissance : c'est une *demande de reconnaissance* qu'il transmet au nom de son souverain. Les quelques *exotica* que la flotte chinoise rapporte au pays, comme la girafe offerte par le roi du Bengale, ne sont pas destinés à enrichir les cabinets de curiosités mais à manifester la soumission des dirigeants étrangers, selon l'usage bien établi du tribut. Cette demande de reconnaissance s'appuie sur une projection de force impressionnante. Les flottes de Zheng He emportent jusqu'à vingt-sept mille hommes, dont beaucoup de soldats, qui ne font pas de figuration : lors du troisième voyage par exemple (1409-1411), l'armée chinoise livre une courte guerre au roi de Ceylan, qui refuse de se plier à l'autorité des Ming, et le ramène entravé aux pieds de l'empereur Yongle. Zheng He use également de la force contre des « pirates » chinois des mers du Sud, qui se considéraient sans doute comme des princes-marchands. Une stèle qu'il érige en 1431 donne un bon aperçu de l'idéologie qui sous-tend les expéditions : « Quand nous arrivâmes aux pays étrangers, nous capturâmes vivants les rois barbares qui se montraient irrespectueux [de l'autorité de l'empire], et exterminâmes les pirates sauvages qui se livraient à la violence et au pillage. Ainsi, les routes maritimes furent pacifiées et les étrangers purent y vaquer à leurs occupations [...][10]. »

Les expéditions Ming sont en effet des entreprises politiques et strictement officielles, ce qui nous fournit un autre point de comparaison intéressant. Ici, l'identité personnelle de Zheng He n'est pas anodine. Il est de confession musulmane, ce qui a peut-être facilité ses rapports avec de nombreux interlocuteurs, de Java à la péninsule arabique. Toutefois, aucune source ne permet d'affirmer que ce paramètre a joué dans sa nomination, ni, comme on le lit parfois, qu'il aurait « profité » de sa mission pour accomplir son pèlerinage à La Mecque (on sait que son père et son grand-père avaient cette œuvre pieuse à leur actif). Plus significatif, celui qu'on appelle parfois « amiral » par abus de langage n'a pas ce titre : c'est un eunuque de la maison impériale, c'est-à-dire un esclave entièrement dépendant de son maître. Ici encore, on a affaire à un legs mongol. Les Yuan ont gouverné la Chine, dont ils tenaient les élites autochtones en grande méfiance, en s'appuyant sur des étrangers qui leur étaient directement dévoués – Persans, centre-Asiatiques, ou encore un marchand vénitien nommé Marco Polo, qui a très probablement servi Koubilaï.

La pratique politique Ming hérite certains traits de l'autocratie mongole, notamment en jouant les eunuques contre la bureaucratie. Vingt ans avant de devenir l'empereur Yongle, le prince Zhu Di a capturé le futur Zheng He lors de la conquête Ming du Yunnan. Enfant captif d'origine étrangère, ce dernier a rejoint, une fois castré, les rangs des eunuques du prince, avant de conduire sa diplomatie personnelle lors des grands voyages. On retrouve cette centralité de la monarchie, à bien plus petite échelle, chez les Portugais, mais pas au même degré chez les Espagnols. Colomb fait par lui-même les calculs (fautifs !) qui le convainquent qu'il est possible d'atteindre le Cathay et Cipango par l'ouest, et va défendre son projet devant le roi du Portugal, qui décline, puis devant Isabelle de Castille et Ferdinand d'Aragon qui, moins avancés dans l'exploration de la route des Indes, prennent le risque de financer l'aventurier, modestement mais à ses conditions… qui sont exorbitantes : les capitulations de Santa Fe (avril 1492) lui confèrent le titre de vice-roi de toutes les « îles et terres fermes […] découvertes et gagnées sur lesdites mers Océanes », et lui assurent un dixième des richesses qui en seront rapportées, même si la monarchie espagnole reviendra progressivement sur ces concessions. Elles sont impensables côté chinois, où les expéditions de Zheng He, autant qu'on sache, ne laissent aucune place à l'initiative privée. Elles sont d'ailleurs concomitantes d'une interdiction du commerce maritime privé (1402), et Yongle en contrôle entièrement les modalités, mettant à leur service les finances de son immense empire – ce qui contribue d'ailleurs à expliquer leur gigantisme.

L'Empire chinois après Zheng He : vers la fermeture ?

Cela explique aussi probablement leur interruption, qui au premier coup d'œil semblerait accréditer l'idée reçue d'un repli sur soi de la Chine à l'époque moderne. On peut mettre en scène une coïncidence presque parfaite : les Ming abandonnent les expéditions en 1433 ; l'année suivante, les Portugais, sous l'impulsion du prince Henri le Navigateur, franchissent le cap Bojador (Maroc actuel), point le plus méridional de la côte africaine alors connu des Européens et première étape dans le contournement de l'Afrique. En réalité, les Chinois ne se sont pas brutalement découverts indifférents au grand large. Lancées pour des motifs avant tout politiques, les expéditions Ming s'interrompent pour des raisons qui le sont tout autant, à commencer par une reprise en main de l'État par la bureaucratie. Celle-ci les considère comme une aventure personnelle de l'empereur Yongle (appuyé sur ses eunuques), dispendieuse et imprudente. Une petite décennie après sa mort, la flotte est détruite, et avec elle les archives touchant aux expéditions.

On n'a pas de certitude sur le poids réel des considérations budgétaires : si les voyages de Zheng He représentent une dépense énorme (et contribuent lourdement au déboisement de la région de Nankin, pour la construction des navires), l'État Ming se montre capable de les mener de front avec plusieurs guerres, la reconstruction du Grand Canal et l'établissement d'une nouvelle capitale. Il est clair en revanche que leur abandon correspond à un changement de politique étrangère, dont le déplacement de la capitale à Pékin (une ancienne capitale des Yuan) à partir de 1421 est un signe avant-coureur, même s'il est ambigu. On peut en effet l'interpréter de deux manières : d'un côté, il est cohérent avec la politique agressive de l'empereur Yongle en direction des steppes mongoles, et appartient donc à la même politique d'expansion que les expéditions maritimes ; de l'autre – et ce n'est pas forcément incompatible –, il manifeste un basculement des priorités stratégiques Ming, la défense contre un danger venu du nord absorbant désormais l'essentiel des énergies. Le basculement s'achève en 1449, quand une courte guerre contre les Mongols conduit à l'anéantissement d'une armée chinoise et à la capture de l'empereur. Ce désastre consacre l'abandon par les Ming de la prétention expansionniste au « grand État » que leur avaient légué les Yuan, et tout particulièrement des aventures militaires en Mongolie. La construction de la Grande Muraille sous sa forme actuelle, ouvrage destiné à protéger la frontière nord et notamment la capitale, date de la même époque et suit la même logique.

La Chine n'interrompt pas pour autant ses échanges avec l'outre-mer : si les contacts officiels et les relations tributaires se trouvent diminués par la rétractation de la politique extérieure Ming, le négoce privé ne cesse pas. Commerçants (et émigrants) continuent de prendre la mer pour se rendre en Asie du Sud-Est, où les marchandises chinoises circulent abondamment dans la seconde moitié du XVe siècle, même si ces échanges font l'objet de restrictions croissantes qui les renvoient souvent du côté de la contrebande et de la piraterie. Le durcissement de la politique Ming à l'égard de la navigation privée s'explique aussi en partie par une nouvelle présence déstabilisatrice : les Portugais, qui parviennent au début du XVIe siècle dans les mers du Sud et y supplantent bientôt les marchands musulmans et – dans une moindre mesure – chinois. Ils y acquièrent aussi des relais, comme Malacca (conquise en 1511) ou Macao (accordée par les Ming en 1555). Ils sont bientôt suivis par des concurrents aux ambitions territoriales plus grandes : les Espagnols (venus du Mexique) s'installent à Manille en 1570, les Hollandais à Java (et, brièvement, Taïwan) au début du XVIIe siècle. Les Portugais se montrent prêts à jouer le jeu du tribut pour commercer avec les Ming, mais ces derniers, inquiets de leurs méthodes agressives et de la piraterie japonaise, refusent et optent pour la fermeture : en 1525, une prohibition générale frappe toute la navigation de haute mer. Cette « interdiction des mers » (*haijin*), qui ne fait qu'encourager le trafic illégal, sera levée et réinstaurée à plusieurs reprises, mais restera une question récurrente jusqu'à son abandon à la fin des années 1630. Les hésitations des Ming n'empêchent pas la Chine de se trouver progressivement imbriquée dans le réseau mondial né des conquêtes ibériques. Les produits de luxe chinois (comme la porcelaine) affluent sous le manteau à Manille, en échange de quoi l'argent des mines mexicaines et péruviennes irrigue l'économie de l'empire ; en parallèle, les cultures du Nouveau Monde (arachide, patate douce…) font leur apparition en Chine. On est donc face à deux dynamiques contradictoires : sur le plan économique, l'insertion de la Chine dans la première mondialisation ; sur le plan géostratégique, un repli continental après les expéditions de Zheng He – les Ming n'interviennent pas pour entraver l'installation des Européens dans leur voisinage proche, en net contraste avec leur défense vigoureuse du tributaire coréen lors de l'invasion japonaise de 1592, qui menace immédiatement Pékin[11].

C'est également au XVIe siècle que les Chinois voient débarquer sur leur sol les premiers Européens en nombre significatif, étrangers curieusement vêtus, aux cheveux rouges (pour les Hollandais), au long nez et à la peau blanche (couleur censée caractériser les Chinois eux-mêmes en Asie du Sud-Est). La Compagnie de Jésus, ordre missionnaire de la Contre-Réforme, jouent un rôle de premier plan dans les contacts humains. Matteo Ricci, qui arrive en Chine par Macao en 1583 et finit par être admis à la cour en 1601, inaugure une stratégie d'« inculturation » : pour faciliter l'évangélisation, les jésuites se forment à la langue et aux mœurs des élites confucéennes, dont ils éveillent l'intérêt en leur présentant les dernières avancées des sciences européennes – astronomie, mathématiques, cartographie… Le bilan des conversions est modeste, les transferts de connaissances beaucoup plus notables, en particulier sur le plan géographique, puisque Ricci compose pour ses interlocuteurs chinois des cartes du monde qui intègrent les découvertes européennes. Depuis les Mongols, certaines cartes chinoises faisaient mention de l'Europe et de l'Afrique. La *Carte complète des dix mille pays de la Terre* de Matteo Ricci (1602) y ajoute les deux Amériques, de très vastes océans et une Chine délibérément décentrée – un État, certes grand, parmi les « dix mille pays » du monde. Les successeurs de Ricci useront de la même stratégie pour suggérer aux lettrés chinois qu'ils ont à apprendre de la chrétienté.

Les cartes jésuites, et surtout les méthodes de levé et de calcul sur lesquelles elles reposent, influencent la cartographie chinoise, mais elles n'entraînent pas la remise en cause attendue, les milieux lettrés et la cour se montrant fort réticents à une cosmologie qui relativise l'importance de la Chine[12]. Par ailleurs, l'influence des jésuites tient au fil ténu de la faveur impériale, et un débat sur leur expulsion se tient peu après la mort de Matteo Ricci en 1610. Ses compagnons et successeurs sont soupçonnés de déloyauté, moins pour leurs croyances exotiques que pour leurs liens avec l'outre-mer (l'Europe *via* Macao). Leurs défenseurs, comme le savant converti au christianisme Xu Guangqi, mobilisent en leur faveur les précédents d'étrangers ayant apporté une contribution à l'empire, tels les bouddhistes et les musulmans ; leurs contempteurs ne manquent pas d'arguments en sens inverse (un vice-ministre à la mémoire longue évoque même la catastrophe d'An Lushan)[13]. La controverse débouche sur des expulsions partielles qui n'empêcheront pas les jésuites de revenir au service des Qing, la dynastie qui renverse les Ming en 1644, mais leur influence sera désormais sciemment circonscrite au domaine des sciences et au périmètre de la cour, empêchant toute évangélisation par « ruissellement » et de plus amples contacts avec la société chinoise cultivée. La Chine entre ainsi dans une phase qui ne révélera ses dangers qu'*a posteriori* : instruite par les relations des jésuites, l'Europe progresse dans sa connaissance du Céleste Empire, tandis que dans ce dernier on ignore presque tout des Européens, à l'époque même où ils confirment leur avance dans des domaines aussi stratégiques que les armes à feu, la navigation, la cartographie et les mathématiques.

Les voyages de Zheng He sont différents de ceux qu'entreprennent quelques décennies plus tard les navigateurs ibériques. Ni le commerce, ni la conversion des étrangers aux mœurs chinoises n'en sont des motifs décisifs – pas plus que la concurrence entre monarchies chrétiennes et avec l'islam, qui pèse lourd dans l'histoire de la conquête européenne du Nouveau Monde. Les expéditions chinoises n'en sont pas égalitaires ni pacifiques pour autant : elles ont pour but premier d'exiger – dans un monde déjà connu – une reconnaissance de primauté et de suzeraineté que la cour de Chine considère comme acquise, plutôt qu'à conquérir. Les immenses destructions infligées aux sociétés américaines par la colonisation européenne, ainsi que la traite atlantique, permettront bien plus tard de transformer en vertu l'interruption des voyages de l'empereur Yongle.

Chapitre 5

La Chine a-t-elle (eu) des colonies ? (XVIIe-XIXe siècle)

Au recensement de 2010, la RPC comptait 91,5 % de Chinois ethniques (han) et 8,5 % de « minorités nationales », mais ces dernières occupaient 64 % du territoire – en particulier les vastes étendues désertiques, semi-désertiques ou montagneuses de l'ouest du pays. Depuis la fin des années 2000, les crises se multiplient aux marges de la RPC, en particulier dans ces territoires non-han, où la conflictualité connaît un nouveau pic. En 2008, des heurts entre Tibétains et forces de l'ordre chinoises ont relancé un cycle répressif qui s'est notamment traduit par une vague d'immolations de moines dans la première moitié des années 2010. Le Xinjiang a été secoué juste après (2009) par de violentes émeutes opposant Ouïghours turcophones et Chinois han, et la Chine a été frappée par des attentats menés par des groupes ouïghours indépendantistes et/ou islamistes. Dans ces deux régions, le gouvernement chinois a réagi par une escalade de la répression confiée à Chen Quanguo, secrétaire provincial du Parti au Tibet (2011-2016) puis au Xinjiang (2016-2021), architecte de la politique de surveillance, d'internement et de « rééducation » de masse conduite dans la région à partir de 2017. Même un territoire presque entièrement peuplé de Chinois han est touché : à Hong Kong, la défense des libertés publiques a favorisé dans les années 2010 l'enracinement d'un sentiment « localiste » marquant sa différence avec l'identité chinoise telle qu'elle est promue par le PCC.

Ces contestations s'accompagnent d'un discours présentant à des degrés divers le pouvoir de Pékin comme étranger, parfois jusqu'à la dénonciation d'un colonialisme chinois. On le constate dans les mouvements autonomistes ou indépendantistes tibétain et ouïghour (et même, aujourd'hui, taïwanais et hongkongais) ; les adversaires de la RPC, aux États-Unis notamment, ne se privent pas de relayer cette dénonciation, en particulier depuis la mobilisation de l'opinion internationale sur la question ouïghoure. Or elle est inaudible en Chine, pour des raisons de culture politique si profondément enracinées qu'elles se traduisent dans le vocabulaire le plus courant. Les mots chinois pour parler du colonialisme (*zhiminzhuyi*) et de l'impérialisme (*diguozhuyi*), qui sont des traductions de termes occidentaux *via* le japonais, désignent par définition, depuis leur adoption au tournant du XXe siècle, ce qu'Occidentaux et Japonais infligeaient ou menaçaient d'infliger à la Chine. De la peur du dépècement du pays aux dénonciations communistes des États-Unis pendant la guerre froide, le colonialisme et l'impérialisme ont toujours occupé une place de choix comme adversaires du nationalisme chinois moderne ; dans cet imaginaire, la Chine ne saurait être qu'une victime[1]. En outre, le PCC aimant à rappeler le passé colonial des pays occidentaux pour apparaître comme un partenaire plus fiable aux yeux des pays du Sud, il tolère particulièrement mal qu'on retourne contre lui la critique anticoloniale.

Enfin, les attaques venant de minorités ethniques ou d'étrangers contre le « colonialisme » chinois sont d'autant plus insupportables qu'elles interviennent en pleine refonte de la politique des minorités de la RPC. Adoptée dans les années 1950, celle-ci reconnaît officiellement cinquante-six « nationalités » (l'appartenance à une des cinquante-cinq nationalités minoritaires ouvrant des droits spécifiques) et confère à certaines régions historiquement non han un degré d'autonomie en matière politique et culturelle. La politique mise en œuvre par Chen Quanguo au Xinjiang n'est, en un sens, que la version (de loin) la plus radicale d'un mouvement général vers davantage de centralisation et d'uniformisation, préparé dès avant l'arrivée au pouvoir de Xi Jinping. À partir de 2011, des voix influentes comme celles du politiste Hu An'gang et du bureaucrate Hu Lianhe, très impliqué dans la politique actuelle au Xinjiang, prônent une politique qui encouragerait un sentiment d'identité nationale homogène dans toute la population (fin du système des nationalités, meilleure intégration des différents espaces chinois, ou encore promotion de la langue nationale), plutôt que d'assigner les individus à des identités minoritaires qui finiraient par conduire au séparatisme et à un effondrement comparable à celui de l'URSS – la hantise du PCC[2]. Cette opinion semble l'avoir emporté à Pékin, même si l'abolition complète du système des nationalités n'est pas encore à l'ordre du jour.

Une telle politique de centralisation et d'homogénéisation culturelle implique de contrôler encore plus étroitement le récit sur l'histoire des régions non han de la Chine, en particulier à l'époque de la dynastie Qing (1644-1912), à laquelle elles ont été rattachées à l'empire. Le statut d'autonomie qui leur a été conféré dans les années 1950 prenait acte – dans les faits sinon dans le discours – d'un passé de conquêtes impériales qui imposait de gouverner ces marges différemment du cœur historiquement chinois du pays. La réduction programmée de cette autonomie va de pair avec une relecture de ce passé comme déjà national : il ne suffit pas que la Chine actuelle ne soit pas une puissance coloniale ; il faut, pour que la nation soit une et que les revendications séparatistes soient illégitimes, qu'elle ne l'ait jamais été. Qu'en est-il historiquement, et que dit-on exactement quand on pose cette question ?

Les Qing : empire chinois ou empire mandchou ?

La politique de sécurité continentale des Ming, actée à partir du milieu du XVe siècle, n'empêche pas la dynastie de succomber deux siècles plus tard à la dernière invasion venue du nord dans l'histoire de la Chine. Cette fois, les conquérants ne sont pas principalement des nomades, mais une coalition dominée par des populations qui pratiquent à la fois l'agriculture, la chasse et la pêche, descendants des Jürchen qui avaient formé la dynastie Jin au XIIe siècle. Au début du XVIIe siècle, une lignée de dirigeants énergiques les fédère sous le nom de « Mandchous », se choisit en 1636 le nom dynastique (chinois) de Qing et se lance à l'assaut de l'empire Ming à la tête d'une coalition rassemblant Mandchous, Mongols et Han. Les Ming, affaiblis par de vastes révoltes paysannes en partie dues au « petit âge glaciaire » du XVIIe siècle, s'effondrent et laissent place aux Qing à Pékin en 1644, même si le sud de la Chine n'est définitivement conquis que vers 1680. Le dernier souverain mandchou, Pu Yi, abdiquera le 1er janvier 1912 à la suite d'une révolution, laissant place à la République de Chine. L'histoire bimillénaire de l'Empire chinois est donc conclue par une dynastie étrangère. Ce n'est pas le moindre de ses paradoxes que ces « barbares », longtemps conspués pour avoir envahi le pays puis l'avoir rendu vulnérable aux empiètements européens, président à une gigantesque expansion qui donne à l'empire une superficie bien plus vaste que sous les Ming. À la Chine des dix-huit provinces s'ajoutent, au nord-est, la Mandchourie, terre natale des Qing ; au nord, la Mongolie actuelle (intérieure et extérieure) ; au sud-est l'île de Taïwan ; à l'ouest le Xinjiang (annexé en 1768) et le Tibet historique – bien plus vaste que la région actuelle –, absorbé dans l'empire en plusieurs étapes au long du XVIIIe siècle. Le territoire de ce « Grand État Qing » (comme il y avait un « Grand État Ming ») correspond peu ou prou à celui de la RPC.

Cette continuité n'avait rien d'inéluctable. Au XIXe siècle, l'empire Qing entre doublement en crise. D'une part, l'explosion de la population, due à la prospérité et à la paix intérieure du XVIIIe siècle ainsi qu'à l'introduction des cultures du Nouveau Monde (patate douce, maïs, arachide…), finit par plonger la Chine dans un piège malthusien : le nombre de bouches à nourrir augmente plus vite que les moyens de subsistance, tandis que l'appareil d'État est de plus en plus sous-dimensionné par rapport à une société aussi populeuse – dès la fin du siècle, des soulèvements paysans annoncent que l'âge d'or des Qing est fini. D'autre part, la première guerre de l'opium (1839-1842) ouvre une longue période d'agressions et d'ingérences étrangères, venues principalement d'Europe occidentale (Grande-Bretagne, France) et de Russie, puis du Japon. Tous les impérialismes n'ont pas en Chine les mêmes ambitions : les Européens, qui cherchent avant tout un accès privilégié au marché chinois et des moyens de pression sur la cour, se contenteront de points d'appui assez réduits et de sphères d'influence économique ; les Russes et les Japonais procéderont à des annexions territoriales plus vastes. Il reste que l'intervention de ces forces extérieures et la crise endogène du pouvoir central concourent à affaiblir le contrôle de l'empire sur ses périphéries : les régions musulmanes de l'Ouest sont secouées par de vastes révoltes dans les années 1860-1870, l'Empire russe annexe une partie de la Mandchourie et étend son influence sur une portion du Xinjiang et de la Mongolie, tandis que la Grande-Bretagne fait de même avec le Tibet et que le Japon prend Taïwan. La révolution de 1911 porte le coup de grâce à cet édifice fragilisé : Mongolie extérieure et Tibet déclarent leur indépendance, passant respectivement sur orbite russe et britannique, tandis que le Xinjiang glisse de fait hors de contrôle du pouvoir central et que le Japon, par des moyens directs et indirects, installe son hégémonie en Mandchourie.

Après la chute de l'empire, les dirigeants chinois successifs se feront un point d'honneur de récupérer ces territoires perdus par les Qing, et finiront en effet par le faire pour plusieurs d'entre eux : en 1945, grâce à la chute de l'empire colonial japonais et au statut de vainqueur de la Chine dans la Seconde Guerre mondiale, la République contrôle de nouveau Taïwan, la Mandchourie et le Xinjiang.

L'expansion de l'empire sino-mandchou des Qing
(XVIIe-XVIIIe siècle)

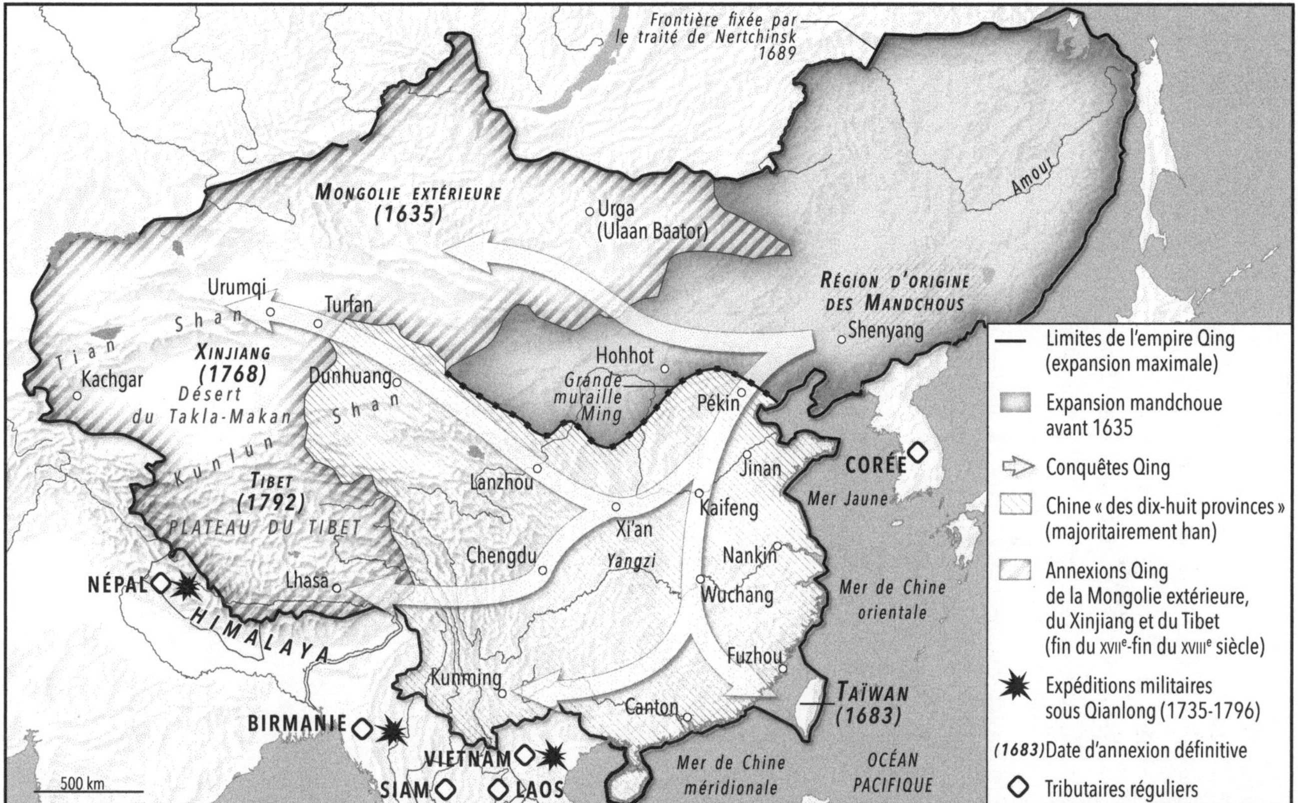

Le triomphe est de courte durée, puisque les communistes de Mao Zedong abattent le régime de Chiang Kaï-shek en 1949 et proclament la RPC, en revendiquant peu ou prou les mêmes frontières. C'est ainsi que le territoire de la Chine communiste correspond dans ses grandes lignes à celui de l'empire Qing à son apogée – moins Taïwan, resté aux mains de Chiang Kaï-shek (voir le chapitre 9), et la Mongolie extérieure, dont Pékin reconnaît l'indépendance.

Pour la plupart des Chinois, cette filiation va de soi : la RPC est un État successeur de l'empire Qing, lui-même considéré comme un simple avatar – certes particulièrement étendu – de la Chine historique. On aurait affaire à une seule nation, successivement incarnée dans différents régimes. Toutefois, une série de travaux historiques a, depuis la fin des années 1990, considérablement compliqué ce récit. La « nouvelle histoire Qing », comme on l'a appelée, part d'un constat apparemment anodin mais lourd de conséquences. Contrairement à ce qu'on a longtemps cru, ces Mandchous qui ont envahi la Chine au XVIIe siècle ne se sont pas intégralement acculturés (« sinisés ») et fondus dans la population chinoise qu'ils avaient conquise. Ils ont soigneusement cultivé leurs spécificités, comme l'usage du mandchou jusqu'aux plus hauts niveaux de l'administration, la pratique de la chasse à cheval, l'interdiction d'épouser des Han ou la résidence dans des quartiers murés[3] ; mais aussi des privilèges, comme de nombreux postes réservés dans la bureaucratie et un soutien financier de l'État.

En bref, l'empire Qing était bel et bien un empire sino-mandchou, et non simplement chinois. C'est vrai *a fortiori* de ses acquisitions territoriales des XVIIe et XVIIIe siècles, à commencer par le rattachement de la Mongolie orientale puis la conquête de la Chine elle-même, menée depuis la Mandchourie à partir des années 1610. Si la nouvelle dynastie qui s'installe à Pékin en 1644 s'appuie sur les immenses ressources chinoises pour étendre ensuite son emprise vers l'ouest, les savoir-faire militaires mandchous et mongols ont joué un rôle décisif dans l'annexion du Xinjiang, habité par des Mongols occidentaux et des turcophones, qui était toujours resté hors d'atteinte des Ming[4]. Le caractère hybride de l'empire se manifeste jusqu'à son sommet. En effet, si les empereurs Qing ont emprunté aux Chinois une bonne partie de leur art de gouverner, à commencer par leur bureaucratie, ils règnent sur une mosaïque de territoires et de cultures en y incarnant des rôles différents : le souverain est le Fils du Ciel pour les Chinois (ses sujets de loin les plus nombreux), le Grand Khan pour les Mandchous et les Mongols, ou encore le Chakravartin (souverain universel) pour les Tibétains bouddhistes. Une telle perspective complique singulièrement le récit qui fait du Grand État Qing, sans solution de continuité, le prédécesseur de la Chine actuelle, remise en cause qui explique les réactions virulentes à la « nouvelle histoire Qing » émises par de nombreux historiens chinois et par le régime lui-même[5].

Cette controverse sur l'identité des Mandchous et la manière dont ils gouvernent, pour importante qu'elle soit, porte sur une histoire révolue : les Mandchous ont à peu près disparu en tant que culture après la chute de leur empire, absorbés dans la masse de la population chinoise, y compris dans leur terre natale peuplée par de grandes vagues migratoires han depuis la fin du XIXe siècle. En outre, le débat a un point aveugle, puisqu'il adopte la seule perspective de Pékin. Or, c'est dans les anciennes composantes non han de l'empire Qing (Tibet, Xinjiang et, dans une moindre mesure, Mongolie) que le rapport à l'État-nation chinois reste encore une question brûlante. Il faut donc décentrer le regard, et se demander à quoi ressemblait la domination Qing puis chinoise vue de ce qui est aujourd'hui la « périphérie » non han de la Chine. Faut-il la qualifier de coloniale ?

Une colonisation chinoise ?

Répondre à cette question suppose de formuler une définition de la domination coloniale. L'exercice est beaucoup plus difficile qu'il n'y paraît, car le terme *colonisation,* comme de nombreuses notions historiques, désigne un ensemble de réalités très diverses, évolutives et aux contours incertains : les empires que nous appelons « coloniaux » ont considérablement varié dans l'espace et dans le temps, et on verra qu'il est en partie artificiel de les distinguer des autres types d'empire. Partons donc, par souci de clarté, d'une définition provisoire à l'aune de laquelle la situation chinoise peut être appréciée. On peut retenir, en la modifiant un peu, celle des historiens Jürgen Osterhammel et Peter Perdue. La colonisation au sens moderne du terme désigne, en première approximation, une domination imposée de force par un pouvoir (la métropole) à un territoire ou une population étrangers (la colonie) ; la colonie est gouvernée en partie à distance, d'une manière différente de la métropole et d'abord en vue des intérêts de cette dernière (quels qu'ils soient) ; le maintien de cette domination est justifié par une prétention à la supériorité intrinsèque (culturelle, raciale, religieuse, politique ou autre) de la métropole sur la colonie. La domination Qing puis chinoise sur les territoires non han de l'Ouest correspond-elle à cette définition ?

Sur le premier point, celui de l'imposition d'une domination par la force, la réponse est clairement positive : contrairement à ce qu'une historiographie chinoise nationaliste soutiendra au XXe siècle (voir le chapitre 7), l'expansion de la dynastie Qing aux XVIIe-XVIII siècles n'a pas été une « unification » de territoires promis à vivre ensemble, mais une série de conquêtes violentes. Taïwan, principalement peuplé d'Austronésiens, est annexé en 1683 dans le cadre de l'écrasement des derniers loyalistes Ming qui s'y étaient réfugiés (voir le chapitre 9). La conquête du Xinjiang, elle, s'inscrit dans la dynamique plus générale de la destruction des pouvoirs nomades du centre de l'Eurasie aux XVIIe et XVIIIe siècles, pris en tenaille entre l'empire de Russie et le Grand État Qing. Si ce dernier contrôle très tôt la Mongolie orientale, la Mongolie occidentale (nord du Xinjiang actuel) lui échappe encore au début du XVIIIe siècle. Elle est dominée par l'empire pastoral des Dzoungars, qui étend son influence sur les régions turcophones du sud du Xinjiang actuel et même sur le Tibet, que leur disputent les Qing. La rivalité culmine en 1756-1757 dans un déchaînement de violence génocidaire, lorsque Qianlong fait exterminer les Dzoungars (hommes, femmes et enfants) et annexe leur empire. Enfin, la transformation par les Qing du Tibet en une sorte de protectorat, si elle est moins violente, ne s'en appuie pas moins sur la menace voire l'usage de la force ; elle est réalisée par étapes tout au long du XVIIIe siècle, s'achevant en 1792 avec la mise sous tutelle des Dalaï et Panchen Lama, les deux principaux chefs politiques et religieux du Tibet.

Il est également clair que la dynastie prend les décisions majeures concernant ces marges en fonction de ses propres intérêts – généralement définis de manière plus géostratégique qu'économique, alors qu'on sait le rôle majeur joué par les colonies du Nouveau Monde dans les budgets des monarchies anglaise, française ou ibérique à la même époque. Cependant, le primat des considérations politiques est loin d'être exceptionnel dans l'histoire des empires, y compris coloniaux : bien des conquêtes européennes du XIXe siècle s'expliqueront par des mobiles de politique intérieure ou extérieure autant – voire plus – que par la quête du profit. La priorité des objectifs sécuritaires n'empêche d'ailleurs pas les Qing d'essayer de faire fructifier leurs nouvelles acquisitions (Taïwan fournit des peaux et des cornes de renne, le Xinjiang, de la rhubarbe...), et la bureaucratie chinoise, comme souvent dans les métropoles, de vouloir les gouverner à l'économie en les faisant payer pour leur propre maintien, généralement sans succès. Enfin, hormis Taïwan (rattaché au Fujian), ni la Mandchourie, ni les territoires mongols, ni le Xinjiang, ni le Tibet ne sont administrés comme des provinces chinoises. La Mandchourie jouit d'un statut spécial en tant que berceau de la dynastie régnante. Les autres territoires non han sont placés sous un organe central appelé « Cour pour le gouvernement des marches » (*Lifan yuan*), dont le personnel ne compte quasiment aucun Chinois. Sur place, Pékin est représenté par un résident (*amban* ; le terme est mandchou), presque toujours un Mandchou ou un Mongol, sous lequel les élites locales voient leur autonomie largement préservée – forme de gouvernement indirect conditionné par leur loyauté à Pékin et parfois contrebalancé, comme au Xinjiang, par une forte présence militaire Qing.

Enfin, la domination du centre impérial s'accompagne d'un net sentiment de supériorité civilisationnelle des élites du cœur de l'empire, qu'elles soient mandchoues ou chinoises. Celui-ci s'exprime sans fard dans les sources, qu'elles émanent de la bureaucratie, de lettrés, de marchands ou autres. Le Xinjiang, qui sert notamment de colonie pénitentiaire, est dépeint comme une immensité barbare et désolée. L'île de Taïwan, quant à elle, fait l'objet d'un exotisme qui rappelle celui d'écrivains européens sur le Nouveau Monde, oscillant entre l'effroi face à une nature hostile et une population sauvage (dont la propension à décapiter ses ennemis devient un lieu commun de la littérature ethnographique chinoise), l'émerveillement devant la végétation luxuriante des tropiques, et l'espoir de faire de l'île un grenier à riz par la colonisation han et la civilisation des indigènes, qui pourraient, de « barbares crus » (inassimilés, sauvages), devenir des « barbares cuits » (gagnés aux mœurs civilisées, voir le chapitre 9).

On objecterait à raison que ces trois points (conquête par la force, maintien d'une différence hiérarchique entre les espaces, postulat d'une supériorité de la civilisation centrale sur les territoires conquis) rattachent le Grand État Qing à la famille des empires en général, dont les empires coloniaux ne sont qu'une branche. Il présenterait d'ailleurs une parenté plus évidente avec la Russie, autre empire continental de l'époque moderne. D'où vient alors que la question du « colonialisme » chinois soit aujourd'hui posée, que ce soit pour le dénoncer ou pour en nier l'existence ? Pour répondre à cette question, il faut aborder le problème de la singularité des empires dits « coloniaux », sur lequel il n'existe pas de consensus bien clair. En effet, si certains traits de l'expansion européenne aux époques moderne et contemporaine sont originaux, à commencer par son échelle (ultramarine et quasi mondiale) et son couplage avec la naissance du capitalisme, celle-ci puise, du côté des techniques de domination, à un « répertoire » en partie commun à tous les empires – différenciation et hiérarchisation des populations, alternance entre autonomie laissée aux élites locales et recours à la terreur, usages d'intermédiaires pour suppléer à la méconnaissance du terrain[6]...

Nous ferons donc l'hypothèse suivante : dans son sens actuel, le qualificatif « colonial » désigne moins une manière originale d'exercer le pouvoir que la façon dont ce pouvoir est légitimé (ou, en sens inverse, dénoncé). À l'époque contemporaine au moins, la spécificité de la relation coloniale est donc d'abord idéologique. Elle a pour condition d'apparition le développement de l'idée de souveraineté du peuple ou de la nation : une domination impériale peut être qualifiée de coloniale quand elle refuse aux territoires et populations dominés, pour des raisons diverses, le principe de souveraineté nationale – le droit à l'autodétermination, en termes contemporains – dont l'État métropolitain tire lui-même sa légitimité. Voyons ce qu'il en est en Chine.

Nationalisation de l'empire et émergence de la question coloniale (XIXe-XXe siècles)

Après sa prise de pouvoir en 1644, la dynastie mandchoue s'efforce dans un premier temps de maintenir une séparation nette entre les composantes de son empire, et en particulier de cantonner la population chinoise han à son périmètre, pour éviter les tensions avec les autres peuples ; elle proscrit tout particulièrement l'émigration en Mandchourie, sa terre natale. Cette politique s'avère très difficile à appliquer. En Asie centrale, la présence han prend d'abord la forme de garnisons de soldats et de lettrés en disgrâce, le Xinjiang servant de lieu de relégation pénale. Surtout, un flux continu de paysans et de marchands vient s'établir à Taïwan, en Mongolie intérieure, en Mandchourie méridionale et, dans une moindre mesure, dans des villes du Xinjiang. En effet, les interdits ont peu de poids face à la croissance démographique fulgurante qui touche les régions ethniquement chinoises de l'empire : les sujets des Qing sont 150 millions vers 1700, 300 millions vers 1800 et 450 millions vers 1850. La faim de terres et la recherche d'opportunités économiques poussent cette population surnuméraire vers les marges moins denses ouvertes par la conquête Qing. Dans le courant du XVIIIe siècle s'amorce donc une tendance à l'intégration et à la sinisation des régions non han.

Elle trouve une traduction politique dans la seconde moitié du XIXe siècle, les magistrats chinois han (les « mandarins ») y supplantant en partie les élites mandchoues, mongoles et locales qui en avaient la charge. On constate d'ailleurs un phénomène comparable de sinisation au sommet de la bureaucratie centrale, où les magistrats han se hissent à des postes jusqu'alors réservés à des Mandchous. La cause de ce basculement est à rechercher dans les grandes révoltes qui déchirent alors l'empire, à commencer par celle des Taiping (1851-1864), et dont la dynastie ne réchappe qu'en déléguant davantage de pouvoir aux notables ethniquement chinois. Les conséquences en sont particulièrement nettes au Xinjiang, secoué par une rébellion de 1866 à 1877. Il est reconquis non par un aristocrate mandchou ou mongol, comme cela aurait été le cas un siècle auparavant, mais par le général hunanais Zuo Zongtang, qui fait suivre la répression (massacrante) d'une politique de sinisation : entre autres mesures, Zuo fait ouvrir des écoles confucéennes et installe à demeure de nombreux soldats han, qu'on impose comme époux à des femmes locales pour fonder des foyers chinois. La tendance est générale : la sinisation partielle des régions non han en fait, bien plus systématiquement qu'auparavant, les cibles d'une « mission civilisatrice » confucéenne[7].

Enfin, ces transformations entraînent un mouvement d'uniformisation administrative. On commence par créer, dans les espaces devenus majoritairement han, des échelons administratifs chinois, puis l'homogénéisation des structures de l'empire s'accélère sous la pression étrangère au XIXe siècle. Les ambitions japonaises à Taïwan, russes au Xinjiang, japonaises et russes en Mandchourie, poussent la cour à étendre le système provincial chinois à ces trois territoires en 1884, 1887 et 1907 respectivement. Dans les dernières années du siècle, l'émigration han y devient officiellement encouragée, pour les mêmes raisons : il s'agit d'opposer un état de fait aux concurrents de la Chine qui, s'appuyant sur le droit international occidental alors en train de s'imposer, conditionnent la souveraineté de Pékin sur ces territoires à l'exercice d'une juridiction effective. Les appétits russes et britanniques font aussi envisager la provincialisation de la Mongolie et du Tibet, encore en projet lors de l'effondrement de l'empire en 1911.

La révolution qui gagne la Chine à l'automne 1911 et pousse les Qing à abdiquer le 12 février 1912 est un délitement de l'État avant d'être un changement de régime : le gouvernement perd le contrôle d'une grande partie du territoire, à plus forte raison dans les régions non han, situées loin du centre politique. La Mandchourie – déjà majoritairement chinoise à l'époque – prend le large sous la direction du général Zhang Zuolin, sans rompre officiellement ses liens avec Pékin ; le Xinjiang fait de même, de manière plus lente (même si des mouvements proclameront la sécession du « Turkestan oriental » dans une partie de la province en 1933-1934 et 1944-1949). Quant à la Mongolie extérieure et au Tibet, ils profitent de l'aubaine pour déclarer franchement leur indépendance. Les aspirations nationalistes, qui s'y développent depuis les années 1900, sont portées par les aristocraties locales fragilisées par l'emprise croissante des intérêts chinois.

Ces tendances centrifuges s'expliquent aussi par la progression du nationalisme chinois lui-même. Les révolutionnaires républicains, dont Sun Yat-sen est la figure la plus célèbre, revendiquent la souveraineté d'une nation chinoise identifiée à l'ethnie han, soulevée contre la domination étrangère des Mandchous : la bannière des insurgés de 1911, qui donnent le coup d'envoi de la révolution, arbore dix-huit points, un pour chaque province chinoise han – et aucun pour les marches étrangères ajoutées à l'empire par les Qing. Il s'avère cependant très vite que les nouveaux dirigeants n'ont pas l'intention de renoncer au vaste territoire légué par les Mandchous, et si le drapeau de l'insurrection ne renvoyait qu'au nationalisme han, celui qu'on choisit pour la jeune république exprime une ambition tout autre : il porte cinq bandes, une pour chacune des nationalités ou « races » (*zu*) censées composer harmonieusement la nation chinoise (Han, Mandchous, Tibétains, Musulmans, Mongols). Ce bricolage ne suffit pas toujours à rassurer ceux qui sont voués à devenir des « minorités » dans le nouvel État-nation, d'autant que les élites de la jeune république – bien souvent les mêmes que celles de l'ancien régime – ne se montrent pas toujours aussi polies. Ainsi, quand la Mongolie déclare son indépendance, le président Yuan Shikai écrit au dirigeant mongol que seuls les pays suffisamment peuplés, prospères et bien administrés peuvent être libres ; les autres sont voués à être annexés[8]. La Chine républicaine rejoint donc bien vite la position des grandes puissances de l'époque : dans le nouveau monde des nations également souveraines, certaines sont plus égales que d'autres.

En principe, les communistes auraient dû représenter, pour les forces autonomistes et indépendantistes issues de la dissolution de l'empire Qing, des interlocuteurs plus commodes. Le PCC, quand il est créé en 1921, est aligné sur les positions de la Troisième Internationale, qui défend le principe de l'autodétermination nationale. Si le Parti souhaite le retour d'une union entre Chine (Mandchourie incluse), Mongolie, Tibet et Xinjiang, c'est sur la base du volontariat et sous la forme d'une fédération garantissant un droit à la sécession. Cette position libérale s'infléchit avec l'invasion japonaise de 1937, et plus encore avec la perspective d'accéder au pouvoir. Dès la fin de la guerre en 1945, le projet fédéral disparaît des documents officiels du Parti, suivi de peu par l'idée d'autodétermination. Elle est remplacée, après la prise de pouvoir communiste de 1949, par celle d'autonomie des « minorités nationales », encore en vigueur. Les minorités, dûment classées en 1954, se voient accorder une certaine autonomie, sur les plans économique et culturel surtout, là où elles se trouvent concentrées – Xinjiang, Tibet et Mongolie intérieure deviennent ainsi des « régions autonomes » –, mais sans possibilité de sécession et avec un contrepoids décisif : le Parti, qui détient la réalité du pouvoir, est entièrement contrôlé depuis les organes centraux de Pékin. L'« autonomie » est donc très relative, et entièrement conditionnelle ; à ce titre, la politique actuelle de centralisation est moins une rupture que l'accentuation d'une tendance évidente dès la fondation du régime.

On mesure le chemin parcouru depuis les conquêtes sino-mandchoues. L'État-nation chinois a revendiqué et obtenu les frontières Qing (sauf la Mongolie extérieure et Taïwan), mais la relation du centre politique aux différentes composantes du territoire a profondément changé. Pour reprendre une distinction éclairante proposée par Charles Maier, le Grand État Qing *était* un empire : ses composantes (chinoise et autres) n'étaient certes pas égales entre elles, mais toutes étaient soumises à un même pouvoir dynastique autoritaire tirant sa légitimité d'un principe extérieur au peuple – transcendance ou droit de conquête. On peut considérer que la Chine devenue nation *a* un empire : le principe de la souveraineté nationale, qui s'est imposé dans l'espace ethniquement chinois (même s'il ne s'y exprime pas de manière démocratique), n'est pas accordé aux territoires et aux peuples non han[9].

Sur le plan pratique, la réponse à cette tension est la force, l'assimilation et/ou une colonisation de peuplement destinée à changer les équilibres démographiques ; au Xinjiang par exemple, les Han représentent 40 % des 22 millions d'habitants, contre 6 % en 1949. Sur le plan idéologique, la réponse du pouvoir (et la conception dominante) est qu'il n'existe qu'une nation chinoise, composée d'un groupe majoritaire et de nombreuses « minorités nationales » – qui n'ont pas la liberté de la quitter. Le caractère colonial ou non du pouvoir exercé par Pékin dépend en définitive de cette appréciation, qui n'est pas scientifique mais politique.

Chapitre 6

Le « siècle d'humiliation » et le souverainisme chinois (vers 1842-1945)

S'il y a une notion sacrée dans la doctrine chinoise de relations internationales, c'est bien celle de souveraineté. Les « cinq principes de la coexistence pacifique », régulièrement invoqués comme boussole de la diplomatie chinoise, font du respect de la souveraineté des États un principe absolu, dont découlent naturellement les quatre autres (non-agression, bénéfice mutuel, non-ingérence, coexistence pacifique). La RPC a accueilli avec méfiance les initiatives qui, après la guerre froide, ont tendu à relativiser le principe de souveraineté nationale au nom des droits de l'homme : elle n'a pas signé le traité de Rome établissant la Cour pénale internationale (1998), et n'a accepté qu'avec de fortes réserves l'idée que la souveraineté implique non seulement des droits, mais une « responsabilité de protéger » sa population (2005). Comme tous les États, la Chine transige avec ses principes quand ses intérêts sont en jeu – elle n'a par exemple pas condamné la Russie, son partenaire proche, pour sa violation de la souveraineté ukrainienne lors de l'invasion de février 2022. Cette entorse n'a toutefois pas conduit à un changement de doctrine, et on notera que Pékin n'a pas reconnu l'annexion russe de la Crimée en 2014.

Le pendant de cette posture internationale est un attachement particulièrement sourcilleux à la souveraineté de l'État chinois sur son territoire. Ce thème a acquis une importance particulière avec la formation, depuis la fin des années 2000, d'un courant idéologique « étatiste » qu'on pourrait aussi qualifier de « souverainiste ». La nouveauté n'est pas tant l'intransigeance avec laquelle l'autorité du Parti-État est défendue que les termes dans lesquels elle l'est : la défense de la « dictature du prolétariat » tend à laisser la place à un argumentaire juridique qui emprunte à des traditions de pensée autoritaires étrangères au marxisme. Dès 1987, Wang Huning, aujourd'hui le principal idéologue du régime, consacrait son premier livre à la notion de souveraineté, en faisant la part belle à Jean Bodin et Thomas Hobbes. Aujourd'hui, c'est le juriste allemand (et un temps nazi) Carl Schmitt qui suscite un vif intérêt. En effet, depuis les réformes de Deng Xiaoping, le droit connaît un développement considérable en comparaison de la période maoïste. Or sous le premier mandat de Hu Jintao (2002-2007), des avocats et activistes s'emparent de cette volonté de « gouverner par le droit » (*yi fa zhi guo*) pour faire valoir les droits garantis par la loi et la Constitution *contre* les décisions arbitraires des autorités. Les étatistes trouvent chez Schmitt une conception de la souveraineté qui leur permet de s'opposer à cette dangereuse dérive « libérale » : pour Schmitt en effet, c'est du pouvoir souverain – incarné ici par le Parti – qu'émane la loi, y compris constitutionnelle ; il ne saurait donc y être soumis.

Cette position est défendue avec diverses nuances par des juristes de l'université de Pékin proches du pouvoir, comme Chen Duanhong ou Jiang Shigong[1].

Le souverainisme chinois trouve un terrain d'application privilégié à Hong Kong, dont la rétrocession par la Grande-Bretagne en 1997 s'opère selon le principe dit d'« un pays, deux systèmes » : la « Loi fondamentale de la région administrative spéciale de Hong Kong », qui a valeur de traité international, garantissait au territoire un « haut degré d'autonomie », notamment en matière judiciaire, jusqu'en 2047. Toutefois, l'érosion progressive de ce compromis et l'attachement des Hongkongais à leurs libertés ont suscité des tensions qui ont culminé avec d'immenses manifestations pour la démocratie en 2014, puis l'État de droit en 2019. Face à cette contestation, Pékin a choisi de fortement réduire l'autonomie de Hong Kong, sur la base d'un argumentaire auquel les théoriciens étatistes ont largement contribué : Jiang Shigong a ainsi forgé la notion de « juridiction complète », qui implique que le Parti-État n'est pas tenu par les garanties légales qu'il a accordées (à ses propres citoyens ou à des pays tiers) si sa souveraineté est en jeu ; or Jiang soutient qu'elle l'est, les manifestants hongkongais étant des « sécessionnistes » et des agents de l'étranger – des États-Unis en particulier –, accusés de fomenter une « révolution de couleur » pro-occidentale sur le modèle de celles qui avaient eu raison des gouvernements pro-russes de Géorgie et d'Ukraine en 2003 et 2004[2].

Le « fondamentalisme de la souveraineté[3] » qui caractérise les positions du PCC est intimement lié à l'histoire dont il tire sa légitimité, en particulier depuis la campagne d'éducation patriotique lancée entre 1991 et 1994. L'épopée victorieuse de la révolution, menée contre les « réactionnaires » chinois autant que contre les « impérialistes » étrangers, fait de plus en plus place à un récit national victimaire, dont le thème central est l'« humiliation » subie par la Chine aux mains des Occidentaux à partir de la première guerre de l'opium (1839-1842). On parle souvent, en Occident, du « siècle d'humiliation ». En Chine, l'expression la plus courante est à l'impératif, inscrite sur les tableaux des salles de classe, les monuments commémoratifs et les banderoles officielles : « N'oubliez pas l'humiliation nationale[4] ». Or une composante essentielle de cette humiliation est la perte de souveraineté de l'État chinois suite aux « traités inégaux », ceux-ci marquant en RPC le début de la période « moderne », qui s'achève avec la victoire communiste de 1949. Qu'en est-il dans les faits ?

L'empereur Qing, suzerain universel ou chef d'État comme un autre ?

L'attachement à la souveraineté comme bien le plus précieux d'un État ne va pas de soi : le mot comme la chose ont été introduits en Chine au XIXe siècle et ont mis, nous le verrons, un certain temps à s'imposer. Par commodité, on a coutume de distinguer la souveraineté interne (l'autorité suprême d'un État sur son territoire et sa population) de la souveraineté externe (l'indépendance d'un État à l'égard de toute instance extérieure). En matière de souveraineté interne, on a vu que les Qing (1644-1912), jusqu'à la toute fin de leur règne, n'exercent pas sur leur empire une autorité uniforme, mais plutôt une pluralité de formes de suzeraineté, dont certaines (sur le Tibet par exemple) sont assez indirectes. Leurs « relations étrangères » ne correspondent pas davantage à l'idéal-type de la souveraineté externe. À la suite de l'historien américain John K. Fairbank, on les a longtemps caractérisées par l'expression de « système tributaire[5] ». Dans ce modèle, tout contact officiel avec la Chine doit passer par l'envoi d'émissaires à la cour impériale. Porteurs d'un tribut, ces émissaires reconnaissent par des rites tels que la prosternation (*kowtow*) la suzeraineté du Fils du Ciel ; en échange, ils reçoivent de lui cadeaux et titres. Le tribut ne met donc pas en relation des États souverains, mais le monarque universel et les chefs plus ou moins barbares (c'est-à-dire frottés de culture chinoise) qui reconnaissent tenir de lui leur autorité. Il est d'ailleurs organisé non par un ministère des Affaires étrangères (qui n'existe pas dans la Chine impériale), mais par le ministère des Rites, en charge du rituel et de l'étiquette dans tout l'empire.

Les Qing ont des tributaires ponctuels et d'autres réguliers, parmi lesquels, au XIXe siècle, l'Annam (Vietnam), les Ryûkyû (Okinawa), le Siam, le Laos, la Birmanie et surtout la Corée, dont les ambassades sont particulièrement fréquentes et qui jouit en retour d'une autonomie interne quasi totale ainsi que d'une protection militaire. Derrière cette pratique hautement ritualisée se cache bien sûr un rapport de force[6]. Les dirigeants rétifs courent le risque d'une intervention armée ou d'un refus d'accès au vaste marché chinois. Inversement, la suzeraineté du Fils du Ciel peut être plus ou moins effective : il arrive que des voisins belliqueux extorquent à la cour des « cadeaux » de grand prix sous couvert d'hommage tributaire. Parfois même, la relation tributaire est une pure fiction. Quand le roi d'Angleterre dépêche Lord Macartney à Pékin en 1793 pour renégocier les relations commerciales entre les deux monarchies, la rencontre achoppe sur des questions de fond mais aussi de protocole, l'ambassadeur anglais refusant d'effectuer le *kowtow*, geste de prosternation qui ferait symboliquement de Georges III le vassal de l'empereur Qianlong (les monarchies européennes ne sont pas moins portées sur l'étiquette que la chinoise). Chacun sauve l'honneur à sa manière : Macartney rentre à Londres bredouille, mais sans avoir cédé, tandis que les archivistes chinois consignent pour la postérité qu'il a effectué les prosternations de rigueur. Le fait même qu'ils maintiennent ces apparences est révélateur de l'idéologie sinocentrique persistante des élites chinoises (et en l'occurrence, des élites mandchoues sinisées), qui a survécu aux progrès des connaissances géographiques – on constate d'ailleurs que les cartes plaçant la Chine au centre du monde ont de nouveau supplanté, à la fin du XVIIIe siècle, celles que les Jésuites avaient composées (voir le chapitre 4).

Toutefois, depuis les années 1990, des historiens attirent l'attention sur la variété des types de relations entre la Chine et les pays étrangers. Ainsi, les Qing signent en 1689 à Nertchinsk un traité de délimitation de leur frontière sibérienne avec la Russie dont le texte latin, qui fait autorité, ne porte pas trace de prétentions à une supériorité rituelle. Autrement dit, les Fils du Ciel savent, quand il le faut, traiter en égaux leurs voisins les plus puissants. La pratique tributaire ne fait « système » que quand la Chine domine sans partage son environnement régional, comme les Qing le font peu ou prou dans la seconde moitié du XVIIIe siècle, de la destruction des Dzoungars à l'ascension de l'Empire britannique des Indes – un laps de temps assez court. Le « système tributaire » est donc en grande partie une fiction, même si la notion reste populaire chez les tenants d'une « tradition » proprement chinoise des relations internationales, qu'ils en soient des thuriféraires ou des critiques[7].

Quoi qu'il en soit, la pratique tributaire se délite au XIXe siècle au profit du droit international occidental, dont la raison d'être théorique est de régler les rapports entre États souverains et protocolairement égaux. En pratique, son développement en Chine suit de très près celui de l'impérialisme. L'ambassade Macartney avait échoué dans sa tentative de redresser la balance commerciale britannique avec l'empire des Qing ; dans les décennies qui suivent, le commerce de l'opium depuis les Indes y remédie, malgré sa proscription par le pouvoir impérial. La destruction d'une cargaison par les autorités chinoises sert de prétexte à Londres pour déclencher la première guerre de l'opium, qui se solde par une cinglante défaite chinoise et par la signature des traités de Nankin (1842) et du Bogue (1843) ; entre autres dispositions (ouverture de ports au commerce étranger, cession de l'île de Hong Kong…), les Qing doivent accepter la présence sur leur sol d'un représentant de la couronne qui traitera avec eux « en parfaite égalité ». De 1856 à 1860, une seconde guerre de l'opium, à laquelle la France se joint, conduit au traité de Tianjin (1858) et à la convention de Pékin (1860), qui consacrent notamment la présence d'ambassadeurs permanents à la capitale et proscrivent l'usage du terme *barbares* (*yi*) pour désigner les Britanniques dans les documents officiels. La cour des Qing doit progressivement étendre ces avantages à d'autres puissances occidentales (États-Unis, France, Allemagne, Russie...).

Ces défaites n'entraînent pas un changement immédiat dans la manière dont la Chine envisage ses relations extérieures. Certes, dès 1839, le commissaire impérial Lin Zexu fait traduire des passages du *Droit des gens* du juriste suisse Emmerich de Vattel pour y chercher des arguments dans la négociation avec les Britanniques[8], mais il s'agit d'un simple expédient, comme d'ailleurs les traités de 1842-1843 : l'acceptation par Pékin de l'égalité protocolaire ne sert qu'à gagner du temps face à des étrangers belliqueux. Il faut attendre les années 1860 pour que les Qing se résolvent à emprunter aux barbares certains de leurs usages diplomatiques. La seconde guerre de l'opium, qui a vu les troupes franco-britanniques prendre Pékin, est un choc autrement plus violent que la première, d'autant qu'elle affecte une dynastie déjà fragilisée par la gigantesque révolte des Taiping (1851-1864), un soulèvement millénariste qui passe tout près de détruire l'État Qing et fait peut-être vingt millions de morts. La situation est assez grave pour justifier des innovations. La cour crée en 1861 le Bureau de gestion des affaires des différentes nations (*Zongli yamen*), une agence qui sert de ministère des Affaires étrangères *de facto* dédié aux relations avec les Occidentaux, ainsi soustraites à la logique du tribut. Le *Zongli yamen* fait également traduire le traité de droit international le plus usité du XIXe siècle, les *Elements of International Law* de Henry Wheaton. En 1879, Pékin finit par envoyer ses propres ambassadeurs permanents en Russie, aux États-Unis, au Japon, en Allemagne et en France, entorse majeure à la logique du tribut qui veut que le dignitaire étranger se rende auprès des autorités chinoises, et non l'inverse.

Cette concession n'est faite qu'aux grandes puissances, la relation tributaire étant maintenue avec les voisins asiatiques plus faibles. Toutefois, elle se vide progressivement de son contenu du fait de l'affaiblissement des Qing, de l'expansion des empires coloniaux en Asie et de la multiplication des ports ouverts au commerce, qui rend plus profitables les échanges non encadrés par l'État. Le Siam et le Laos profitent de la révolte des Taiping pour cesser d'apporter le tribut. L'Annam, conquis par la France, fait de même après 1880, tout comme la Birmanie, conquise par la Grande-Bretagne, après 1886. Le coup de grâce vient de l'expansion japonaise. L'État japonais refusait depuis des siècles de se soumettre à la pratique du tribut. En pleine réforme interne après la restauration Meiji (1868), il trouve dans le droit international occidental un langage dans lequel reformuler les termes de son rapport avec l'immense voisin chinois, à qui il impose des relations diplomatiques d'égal à égal en 1871. Peu après, il s'attelle à contester la suzeraineté Qing sur d'autres États asiatiques, à commencer par les Ryūkyū, petit royaume archipélagique qui entretenait une relation de vassalité à la fois avec la cour de Pékin et avec le fief japonais de Satsuma. Après Meiji, le Japon rejette cet arrangement et revendique une souveraineté directe et exclusive, annexant l'archipel en 1879 sous le nom de préfecture d'Okinawa. Plus important, il affiche des ambitions croissantes sur la Corée, qu'il ouvre de force au commerce en 1876. Le Grand État Qing ne reste pas les bras croisés face à cette menace contre son principal tributaire : dans les années 1880, Pékin négocie pour le compte de la

Corée une série de traités avec des États occidentaux afin de contrebalancer l'influence japonaise, tout en étendant considérablement les privilèges des ressortissants chinois dans le royaume, dont le statut se rapproche alors de celui d'un protectorat européen[9]. La rivalité sino-japonaise pour le contrôle de la Corée mène en 1894-1895 à une guerre qui se solde par une très lourde défaite des Qing. Le traité de Shimonoseki, qui y met fin, proclame dans son premier article la « pleine et complète indépendance et autonomie de la Corée ». Cette dernière n'aura pas le loisir d'en profiter, puisque la tutelle informelle du Japon se fait protectorat en 1905 puis annexion coloniale en 1910. L'affirmation par Tokyo de la souveraineté coréenne avait un seul but : rompre le lien avec la Chine pour paver la voie à une nouvelle sujétion, formulée dans les termes du droit international de l'époque.

Celui-ci doit donc être compris non comme un ensemble de principes abstraits, mais comme un nouveau langage dans lequel s'expriment les relations de pouvoir entre États. L'Empire sino-mandchou s'est montré capable de l'utiliser, comme pour prendre le contrôle de la politique étrangère coréenne dans les années 1880, mais dans l'ensemble le droit international du XIXe siècle traduit des rapports de force qui lui sont beaucoup plus défavorables que par le passé. Dès avant son effondrement, il doit prendre acte du fait qu'il est entouré d'États indépendants ou soumis à des métropoles lointaines, qui ne reconnaissent plus sa suzeraineté. En 1901, à l'occasion d'une refonte massive des institutions, le ministère des Rites ainsi que le *Zongli yamen* sont supprimés : toutes les relations extérieures de la Chine seront désormais gérées par un « ministère des

Affaires étrangères » en bonne et due forme, qui abandonne toute prétention à la primauté chinoise et reconnaît l'égale souveraineté des États indépendants.

La Chine à la (re)conquête de sa souveraineté interne

C'est donc sous la contrainte, et fort lentement, que la Chine a accepté de se reconnaître comme État souverain entouré d'États souverains. En outre, l'affaiblissement considérable du Grand État Qing au XIXe siècle permet aux puissances occidentales et au Japon de lui imposer dans un même mouvement une égalité formelle sur le plan extérieur et la limitation de sa souveraineté intérieure. La justification juridique de cette limitation est le « critère de civilisation[10] » : pour la plupart des publicistes du XIXe siècle, une nation ne peut disposer de sa pleine souveraineté que si elle est suffisamment « civilisée » – condition mal définie mais qui suppose *a minima* un État organisé sans être despotique, une justice ni trop arbitraire ni trop cruelle (aux yeux des Occidentaux de l'époque) et un certain nombre de garanties accordées aux ressortissants étrangers. Dans ce cadre intellectuel, les grandes monarchies de l'époque moderne comme l'Empire ottoman, le Japon ou le Grand État Qing ne sont pas des pays « sauvages » mais des États « semi-civilisés », dont la souveraineté peut légitimement être restreinte jusqu'à ce qu'ils aient adapté leur droit à la sensibilité – et aux intérêts – des grandes puissances. D'où un paradoxe apparent : contrainte bien malgré elle d'accepter les règles de la souveraineté externe, la Chine doit en revanche lutter pour conquérir sa pleine souveraineté interne, lutte qui se trouve au cœur du récit du « siècle d'humiliation ». Mais les Chinois de l'époque vivaient-ils avec la conscience douloureuse d'une souveraineté mutilée ?

Commençons par rappeler quelques faits. Les traités signés à partir de 1842 avec les pays occidentaux font perdre à la Chine son autonomie douanière et lui imposent le principe de la juridiction consulaire : les ressortissants des puissances signataires sont soumis aux lois de leur propre pays, appliquées par leur consul, et soustraits à la justice chinoise, dont certaines dispositions (comme la légalité de la torture ou la responsabilité collective) sont jugées « barbares » au regard de l'évolution du droit occidental. Cette clause, qui n'est pas réciproque (il n'y a alors, de toute manière, pas de présence chinoise significative en Europe), enfreint le principe de « territorialité » du droit, qui veut qu'il s'applique à tous dans les frontières du territoire national. On parle donc aussi d'extraterritorialité. Néanmoins – et curieusement, du point de vue actuel –, l'extraterritorialité n'est pas une préoccupation majeure des Qing, beaucoup plus sourcilleux sur des questions en apparence formelles, comme la présence d'ambassadeurs permanents à la capitale. La raison en est que le droit Qing est personnel et non territorial : des sujets de l'empereur appartenant à des groupes différents peuvent être soumis à des lois différentes, comme en témoignent par exemple les privilèges dont jouissent les Mandchous par rapport aux Han. Cela explique la souplesse avec laquelle la Cour accorde des privilèges extraterritoriaux, aux antipodes du souverainisme chinois actuel. Le traité de Nankin n'a rien d'exorbitant sur ce point pour ses négociateurs : le petit khanat ouzbek de Kokand avait obtenu (sous la menace également) des privilèges similaires en 1835, et le traité de 1871 avec le Japon introduit un principe d'extraterritorialité réciproque[11].

Toutefois, la juridiction consulaire concédée aux Occidentaux prend, au fil des décennies, des proportions différentes. D'une part, à partir de 1860, la cour doit progressivement accorder aux étrangers, aux missionnaires en particulier, le droit de se déplacer hors des ports ouverts par les traités, puis de bénéficier partout de la juridiction consulaire, dont les religieux font parfois profiter leurs ouailles chinoises. D'autre part, à partir des années 1840, les puissances occidentales louent dans les ports ouverts des « concessions », quartiers théoriquement sous souveraineté chinoise mais en pratique administrés par les autorités consulaires en vertu du principe d'extraterritorialité. Or les concessions attirent une population chinoise toujours plus nombreuse, qui passe en partie sous juridiction consulaire ; elles deviennent donc des enclaves à la population mixte, soustraites à la juridiction impériale.

Le mitage du territoire chinois s'aggrave après la guerre sino-japonaise de 1894-1895. Fragilisée par sa défaite, la cour des Qing doit céder aux puissances plusieurs territoires à bail, plus vastes que les concessions (typiquement, une ville et son arrière-pays) et sur lesquels des droits souverains sont explicitement transférés, même si c'est pour une durée théoriquement limitée. Ce tournant de siècle paraît si critique que certains observateurs chinois et étrangers – et le roman national depuis – voient alors la Chine prête à être dépecée, « découpée comme un melon » (*guafen*). En réalité, ce danger n'a jamais été tangible. Si la presse européenne évoque parfois une partition de « l'homme malade de l'Asie », c'est très rarement comme une chance à saisir, et presque toujours comme un risque : celui d'un effondrement qui emporterait une déstabilisation du système international et un risque de guerre entre les puissances. C'est l'équivalent extrême-oriental de la « question d'Orient », comme on appelle les rivalités entre Européens qu'entraîne l'affaiblissement de l'Empire ottoman. Toutefois, plus éloignée des appétits européens que la Sublime Porte, la Chine se voit en outre protégée par un mécanisme similaire : dès qu'une puissance y affiche des ambitions trop importantes, elle est rappelée à l'ordre par les autres. Ainsi, en 1895, Russie, Allemagne et France empêchent le Japon d'annexer la péninsule du Liaodong. Quant aux États-Unis, tard venus dans la compétition impérialiste, ils formulent en 1899 la politique de la « porte ouverte », qui prône le respect de l'intégrité territoriale de l'empire en échange d'un libre accès au marché chinois. Même après le soulèvement des Boxeurs (1900), durant lequel des paysans du nord de la Chine s'attaquent violemment aux chrétiens chinois, aux missionnaires puis aux diplomates étrangers, les représailles occidentales et japonaises se traduisent par des indemnités écrasantes et une occupation provisoire, non par des annexions territoriales. La cour, croyant pouvoir utiliser les insurgés contre les étrangers, a pourtant pris un risque énorme en déclarant la guerre à toutes les « puissances » en même temps. Mais les chancelleries restent prudentes : le « dépècement » ne va pas, en pratique, au-delà du grignotage[12].

Les diplomates chinois en sont conscients. Pourquoi, alors, un tel catastrophisme dans la presse de l'époque, et pourquoi la peur du dépècement tient-elle une place si importante dans le thème du « siècle d'humiliation » ? Il faut en chercher la raison principale dans la politique intérieure chinoise. En effet, la débâcle de 1895 face au Japon catalyse la formulation de projets de réforme en profondeur. Une première tentative de refondre les institutions chinoises sur le modèle du Japon de Meiji échoue en 1898, interrompue par un coup d'État conservateur, après quoi les opposants radicaux sont surtout actifs outre-mer. Qu'ils optent pour une monarchie constitutionnelle ou, comme Sun Yat-sen, pour une révolution républicaine, ils ont tous le nationalisme en partage. Dans ce contexte, brandir l'épouvantail du dépècement de la Chine, c'est accuser la dynastie de manquer à ses devoirs les plus élémentaires envers la nation, soit par immobilisme (pour les réformateurs), soit parce qu'elle est d'origine étrangère, mandchoue et non chinoise (pour les républicains, dont le nationalisme est volontiers racial). Ce thème polémique est d'autant plus efficace qu'il est souple. Les Qing se résolvent à des réformes de fond (les « Nouvelles politiques ») en 1901. Mais quand ils font appel à des capitaux étrangers pour développer leur réseau de chemin de fer, le reproche est tout trouvé : on les accuse de vendre le pays à la découpe – même si Sun Yat-sen n'hésite pas, de son côté, à promettre des avantages territoriaux aux gouvernements étrangers qui lui accorderaient leur soutien. Et même si la désagrégation finale, quand elle survient en 1911, vient de l'intérieur plutôt que de l'extérieur. Après le soulèvement de Wuchang du 10 octobre, durant lequel des révolutionnaires au sein de l'armée chinoise se mutinent, les provinces chinoises sont touchées par une réaction en chaîne et font sécession les unes après les

La crise de l'empire Qing au XIXe siècle

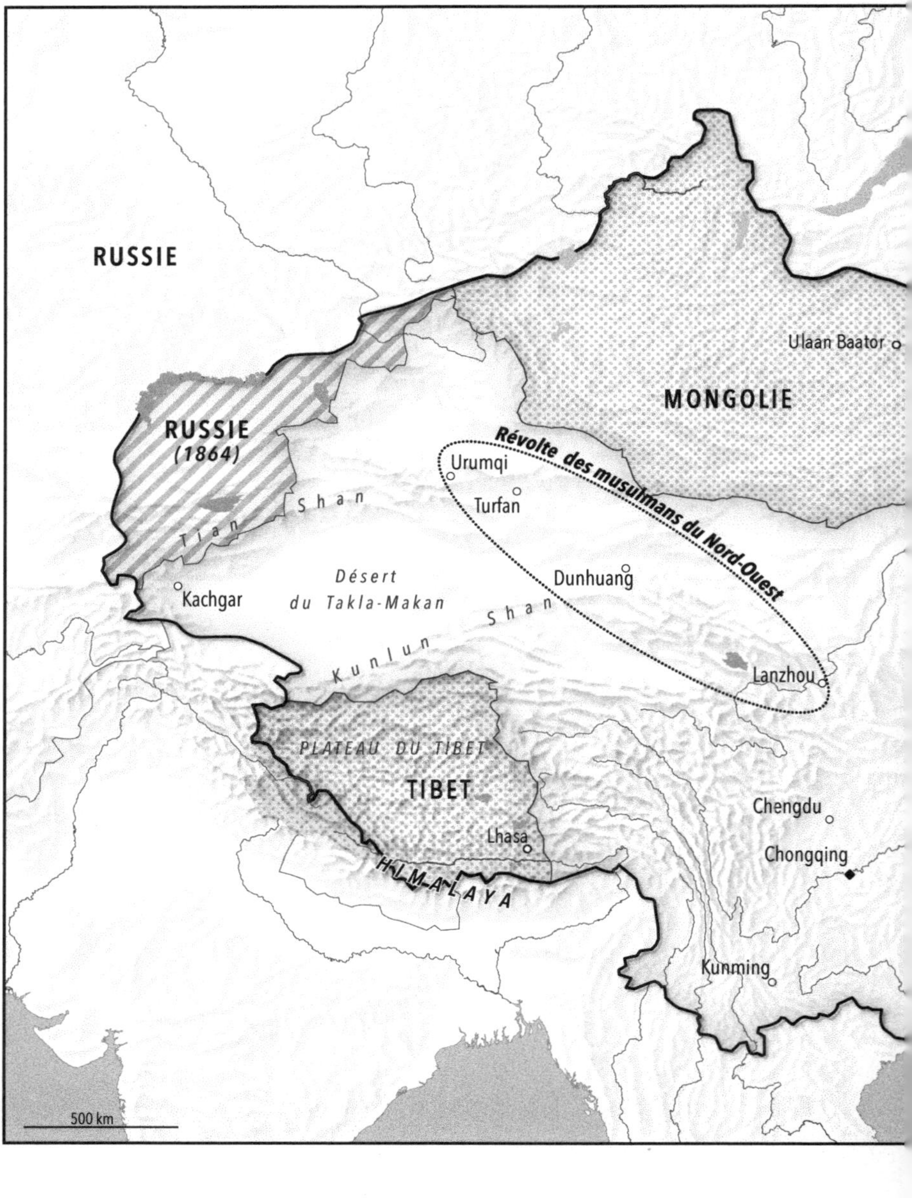

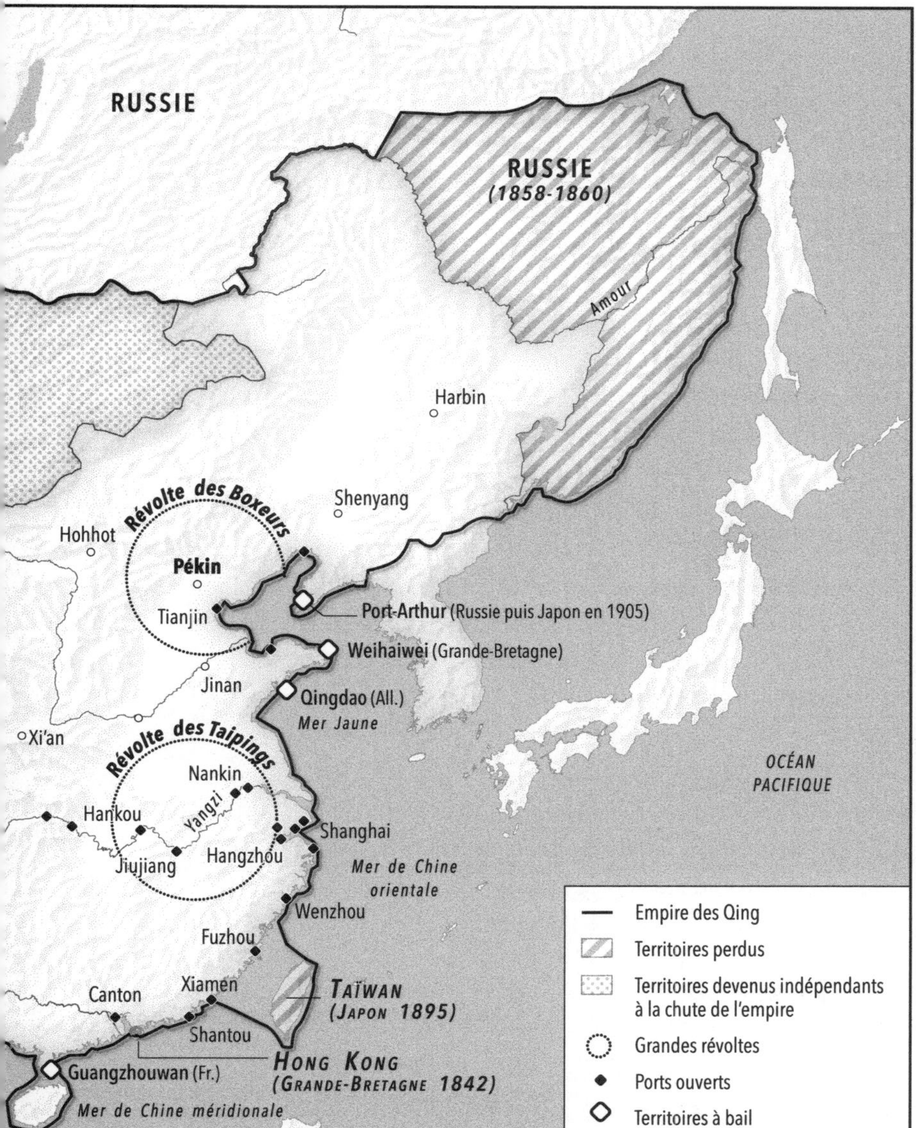
RUSSIE
RUSSIE
(1858-1860)
Amour
Harbin
Shenyang
Révolte des Boxeurs
Hohhot
Pékin
Tianjin
Port-Arthur (Russie puis Japon en 1905)
Weihaiwei (Grande-Bretagne)
Jinan
Qingdao (All.)
Mer Jaune
Xi'an
Révolte des Taipings
Nankin
Hankou
Yangzi
Shanghai
Jiujiang
Hangzhou
Mer de Chine orientale
OCÉAN PACIFIQUE
Wenzhou
Fuzhou
Xiamen
Canton
Shantou
TAÏWAN
(JAPON 1895)
HONG KONG
(GRANDE-BRETAGNE 1842)
Guangzhouwan (Fr.)
Mer de Chine méridionale
Empire des Qing
Territoires perdus
Territoires devenus indépendants à la chute de l'empire
Grandes révoltes
Ports ouverts
Territoires à bail

autres pour manifester leur défiance à l'égard de l'autorité centrale. L'Empire chinois a moins été dépecé qu'il ne s'est délité ; quant à la République qui le suit, elle contrôle mal son propre territoire.

Les puissances étrangères ne profitent pas de cet affaissement pour se partager la Chine. Au contraire, à partir des années 1900, le gouvernement chinois parvient à faire réviser les traités du XIXe siècle, lentement mais pacifiquement, en jouant pleinement le jeu du droit international qui lui a été imposé. Ainsi, un des axes des « Nouvelles politiques » est la réforme du droit chinois pour le mettre en conformité avec les critères nébuleux de la « civilisation », condition explicitement posée par les puissances occidentales à la renégociation des traités[13]. Après la Première Guerre mondiale, la Chine adhère à la Société des nations (SDN), qui consacre le principe d'égale souveraineté des États membres. Les restrictions à la souveraineté chinoise deviennent de plus en plus difficiles à justifier, d'autant plus que les nations européennes, ravagées par la guerre, ont moins d'appétit qu'auparavant pour la politique de la canonnière. La République de Chine, servie par un corps de diplomates compétents, joue à plein de ce nouveau contexte international. Il y a certes des déconvenues – en 1919, les possessions allemandes en Chine sont transférées au Japon, à la grande colère du public chinois –, mais la stratégie s'avère payante dans l'ensemble : au cours des années 1920, les puissances renoncent à une partie de leurs concessions, et la Chine reconquiert son autonomie douanière en 1929.

De manière apparemment paradoxale, les années 1920 sont précisément la décennie durant laquelle l'anti-impérialisme devient un thème central de la vie politique chinoise – c'est notamment celle où le Kuomintang, la force politique créée par Sun Yat-sen, popularise l'expression « traités inégaux » pour désigner les accords imposés à la Chine au siècle précédent. Cela tient en partie au contexte international : d'une part, la norme de la souveraineté nationale est en train de s'imposer ; d'autre part, l'anti-impérialisme a trouvé son champion avec l'apparition de l'Union soviétique. Dès lors, un fait autrefois désagréable mais assez banal (une puissance victorieuse impose des conditions défavorables à une puissance vaincue) devient intolérable. Mais la dénonciation virulente de l'impérialisme reste aussi un argument de politique intérieure : le parti de Sun Yat-sen jette ainsi le discrédit sur ses rivaux, le gouvernement de Pékin et les potentats régionaux qui contrôlent le pays, accusés d'être des laquais de l'impérialisme. Une fois que le Kuomintang a pris le pouvoir en 1927-1928, les communistes retournent l'argument contre lui, avec guère moins d'injustice.

L'affaiblissement de l'impérialisme en Chine après la Première Guerre mondiale souffre une grande exception : les agressions japonaises, qui se multiplient dans les années 1930. Mais la manière même dont elles se déroulent prouve qu'il est devenu difficile de fouler ouvertement aux pieds la souveraineté chinoise. Quand le Japon envahit la Mandchourie en 1931, le recours de la Chine à la SDN et au droit international ne lui permet certes pas de faire reculer l'agresseur, mais elle obtient des autres puissances que l'annexion ne soit pas reconnue. De même, après avoir envahi une grande partie de la Chine en 1937-1938, le Japon se sent tenu de se poser en libérateur et abroge en 1943 ce qui reste des « traités inégaux » ; pour ne pas être en reste, les Alliés occidentaux de la Chine (États-Unis, Grande-Bretagne, France libre…) font de même. La Chine qui émerge victorieuse de la guerre en 1945 est donc un pays pleinement souverain, qui obtient de surcroît un siège permanent au Conseil de sécurité des Nations unies. C'est cette souveraineté recouvrée que les communistes héritent quand ils prennent le pouvoir en 1949.

Ainsi, le récit du « siècle d'humiliation », qui s'appuie sur des faits incontestables, escamote néanmoins plusieurs détails importants. Jusqu'à la fin du XIXe siècle, l'empire Qing n'a pas fait à sa souveraineté des concessions qu'il jugeait intolérables, en partie parce que la souveraineté comme puissance indivisible et exclusive lui était un concept étranger. Même après cela, malgré une nette aggravation de l'impérialisme, ce dernier n'a pas visé à démembrer le pays, en tout cas pas avant l'invasion japonaise des années 1930, durant laquelle la Chine a bénéficié du soutien de plusieurs impérialistes occidentaux d'hier. En outre, la conquête par la Chine d'une pleine souveraineté interne s'est faite, dès la fin de la période impériale, en réformant l'État puis en participant aux organisations internationales davantage que par une lutte héroïque. Le registre de l'« humiliation » appartient avant tout à la politique intérieure chinoise : il a permis aux forces réformatrices et révolutionnaires de mettre en accusation les différents anciens régimes qu'elles cherchaient à remplacer (l'empire pour les républicains, la république pour les communistes), taxés de faiblesse, de corruption ou de compromission avec les puissances.

Enfin, le PCC n'a joué dans cette histoire qu'un rôle secondaire : bien qu'il ait combattu l'ingérence étrangère puis l'occupation japonaise, il a moins libéré son pays de l'impérialisme qu'il n'a tiré les marrons du feu une fois cette tâche assez largement accomplie par d'autres.

CHAPITRE 7

« Nous, Chinois, aimons la paix » (1930-1940)

Le 3 septembre 2015, douze mille soldats chinois et des dizaines de véhicules longèrent au pas l'avenue Chang'an de Pékin, qui s'étire d'est en ouest entre la Cité interdite et la place Tian'anmen, passés en revue par un Xi Jinping impassible accompagné de dizaines de dirigeants du monde entier, la place d'honneur étant réservée à Vladimir Poutine. Jamais un défilé militaire d'une telle ampleur n'avait été organisé pour une occasion autre que la commémoration de la révolution de 1949, en l'occurrence le 70e anniversaire de la victoire contre le Japon en 1945, sur fond de contentieux territoriaux avec Tokyo et de poussée de fièvre nationaliste. Xi fit un bref discours où il prononça le terme *paix* dix-sept fois, affirmant entre autres choses : « Nous, Chinois, aimons la paix. Quelle que soit la force qu'elle acquiert, la Chine ne recherchera jamais l'hégémonie ou l'expansion. »

Cette déclaration, certes bienvenue vu l'énormité de la démonstration de force, était fort banale en elle-même

– quel dirigeant n'en appelle-t-il pas à la paix en affichant sa puissance militaire ? Dans le contexte chinois, il ne s'agissait toutefois pas d'une figure de rhétorique ponctuelle, mais d'un trait récurrent du discours politique. La RPC a toujours mis en avant son caractère intrinsèquement pacifique, comme d'ailleurs tous les régimes communistes, qui considéraient la guerre comme un sous-produit du capitalisme. Depuis que le marxisme-léninisme est passé au second plan dans l'idéologie du régime, ce discours est devenu culturaliste. Xi, pour ne citer que lui, avait déjà affirmé en 2014 à Berlin que la paix et l'harmonie sont « partie intégrante du caractère chinois » depuis « plusieurs milliers d'années ». À Genève en 2017, il renchérit en déclarant que l'amour de la paix est inscrit dans « notre sang, à nous Chinois, et dans notre ADN » depuis la plus haute antiquité[1]. Passage obligé de la langue de bois officielle, l'idée selon laquelle la Chine est un pays ataviquement pacifique qui n'a jamais conduit de guerre d'agression est en outre fortement enracinée dans l'opinion publique, quelle que soit sa fausseté. La plupart des facettes de l'exceptionnalisme chinois traitées dans ce livre y renvoient d'une manière ou d'une autre : les Chinois auraient historiquement pratiqué une forme pacifique d'universalisme (chapitre 1), de commerce (chapitre 2), de relations internationales (chapitre 3), d'exploration (chapitre 4), de multiculturalisme (chapitre 5)...

L'image d'une « Chine qui aime la paix » est particulièrement mise en avant depuis la fin des années 2000, dans le contexte de l'accession du pays au rang de grande puissance militaire et géopolitique. Il faut prendre au sérieux ses effets dans la perception par les Chinois de leur environnement stratégique. Elle fait son entrée dans la doctrine diplomatique du régime sous la présidence de Hu Jintao (2002-2012), à travers la formule d'« ascension pacifique » (*heping jueqi*). Née en 2002 sous la plume de Zheng Bijian, vice-directeur de l'École centrale du Parti dans les années 1990, l'expression renvoyait moins à une spécificité culturelle qu'à une ligne de conduite à tenir dans les affaires internationales. Il s'agissait pour Zheng de réfuter la théorie d'une « menace chinoise », qui commençait alors à prendre racine chez l'interlocuteur américain, et de convaincre ce dernier que la Chine serait – cas exceptionnel dans l'histoire humaine – une puissance montante qui ne chercherait pas à bousculer l'ordre existant mais à s'y insérer par le commerce et la coopération, sans viser à tout prix la puissance militaire[2].

De l'eau a coulé sous les ponts depuis cette époque, le partenariat/rivalité entre Chine et États-Unis étant devenu franche hostilité. Du côté chinois, la notion d'« ascension pacifique » a essuyé le feu des critiques : dès 2010, le colonel à la retraite Liu Mingfu publiait *Le rêve chinois* (expression plus tard reprise par Xi Jinping), où il s'attaquait nommément à cette idée de Zheng Bijian, et implicitement de Hu Jintao, soutenant que la Chine devait au contraire rechercher la suprématie militaire dans sa région[3]. La posture internationale chinoise est également devenue plus menaçante à l'égard de plusieurs voisins asiatiques avec lesquels la RPC a des contentieux territoriaux. Toutefois, comme le prouve le défilé de 2015, ce nationalisme qui peut se montrer dominateur n'empêche pas de recourir au lieu commun de la nation pacifique. Ce dernier permet au contraire de présenter la croissance rapide du budget militaire chinois comme une mesure défensive justifiée ici par la remilitarisation du Japon et le retour du spectre « fasciste », là par un encerclement agressif américain.

Or cet élément central de la mythologie nationale chinoise est en réalité fort récent ; mieux encore, il est dès l'origine un produit d'exportation. Pour en comprendre la genèse, il faut revenir à la première moitié du XXe siècle et tout particulièrement aux années 1930 et 1940, quand la Chine se trouvait aux prises avec le Japon militariste.

« Mettre les valeurs martiales à l'honneur » : un mot d'ordre de la modernité chinoise

Une conception répandue en Occident veut que la culture politique chinoise impériale, marquée par le confucianisme, ait valorisé exclusivement les vertus civiles ou lettrées (*wen*) au détriment des vertus martiales (*wu*) ; le recours à ces dernières « était un aveu d'échec dans la poursuite du *wen*[4] ». Des recherches ultérieures ont conduit à nuancer ce propos. On sait désormais que la pensée stratégique de l'Empire chinois n'excluait en rien de mener une guerre préemptive ou d'annexer un territoire pour en priver un rival ; que la réunion des talents civils et militaires n'a jamais disparu de la définition de l'homme accompli ; ou encore que sous les Qing, grands conquérants s'il en fut (voir le chapitre 5), les vertus martiales ont fait l'objet d'une célébration régulière à la cour et dans la noblesse mandchoue[5]. Toutefois, ces réserves n'affectent pas le constat d'ensemble : au IIe millénaire de notre ère, la société chinoise de l'époque impériale place au sommet de son échelle des valeurs les qualités morales et intellectuelles des lettrés, non celles des guerriers. L'exaltation des prouesses guerrières par certains empereurs Qing, comme Qianlong, est étroitement liée à leur volonté d'honorer leurs origines mandchoues, donc leur lien avec la tradition des combattants nomades d'Asie centrale et septentrionale. Elle ne concerne guère les élites han qui constituent les cadres majoritaires de l'empire.

Confucius n'y est pas pour grand-chose. Certes, son enseignement fait peu de cas de la violence armée – mais celui de Jésus pas davantage, ce qui n'a pas empêché la chrétienté de se montrer fréquemment belliqueuse. Par ailleurs, il vécut à une époque intensément violente de l'histoire chinoise, et partageait la scène avec des stratèges et des penseurs du pouvoir (les « légistes ») dont le réalisme froid n'avait rien à envier à celui de leurs homologues européens, de Thucydide à Machiavel. Le mépris relatif des élites impériales chinoises pour les choses de la guerre tient plus simplement à la manière dont elles sont recrutées. À partir de la dynastie des Song, le système des concours garantit la prépondérance des civils (les lettrés) sur les anciennes aristocraties militaires. En cela, la Chine se distingue nettement de l'Europe et du Japon où la noblesse guerrière, même une fois domestiquée par les pouvoirs monarchiques, a continué d'occuper des positions élevées et durablement marqué les conceptions dominantes de l'honneur. Jusqu'à la fin du XIXe siècle, en Chine, même les généraux les plus célébrés sont des lauréats des concours civils, beaucoup plus prestigieux que les concours militaires : un Zeng Guofan, qui accède à la gloire en combattant les rebelles Taiping (vers 1851-1864) avec une violence impitoyable, continue de se vivre et de se mettre en scène comme un lettré confucéen, plus porté sur la méditation et l'étude des classiques de l'Antiquité que sur le maniement des armes. La vigueur physique et l'agressivité sont certes prisées chez les garçons des milieux populaires, qui admirent les performances des maîtres d'arts martiaux ou se repaissent des récits héroïques des conteurs de village. On les trouve aussi dans les romans en langue vernaculaire, qui mettent en scène bandits d'honneur (*Au bord de l'eau*), guerriers valeureux (*Le roman des trois royaumes*) ou héros picaresques aux pouvoirs surnaturels (*La pérégrination vers l'Ouest*). Mais ces œuvres, bien qu'elles soient avidement lues, sont considérées comme mineures. C'est une autre version de la virilité, cérébrale et pondérée, qui domine la haute culture (on n'imagine pas deux lettrés se défiant en duel). Quant aux soldats ordinaires, comme dans la majorité des sociétés, ils n'ont pas bonne presse – un proverbe très commun datant de la dynastie des Song veut qu'on ne fasse pas des clous avec du bon fer, ni des soldats avec de bons gars. Les gens de guerre suscitent d'autant plus de méfiance que la population les connaît mal : la conscription, supprimée au Iᵉʳ siècle de notre ère, ne sera réintroduite qu'au XXᵉ siècle ; le maniement des armes est donc une profession spécifique, voire « la marque d'ordres militaires distincts[6] ».

Cet état de fait change assez soudainement à la fin du XIXᵉ siècle. Dans ce domaine comme dans d'autres, le tournant est la guerre de 1894-1895, qui révèle la grande vulnérabilité de l'empire Qing (voir le chapitre 6). Améliorer les performances de l'armée chinoise était une priorité de la cour depuis les années 1860, mais les efforts s'étaient d'abord concentrés sur l'acquisition de nouvelles technologies, navales en particulier. La défaite de 1895, en partie due à la médiocrité de l'entraînement des troupes chinoises, convainc les dirigeants de la nécessité d'une réforme beaucoup plus profonde, qui placerait une armée de Terre disciplinée au centre du dispositif de défense. Dans un contexte intellectuel mondial marqué par la popularité du darwinisme social, qui présente les sociétés comme des organismes en lutte les uns contre les autres, l'agressivité et la lutte sont revalorisées, entre nations du moins. Plus profondément, la défaite de 1895 est vécue comme une véritable crise de civilisation, les valeurs martiales supposées du Japon de Meiji apparaissant comme la clé de son succès et le symbole de tout ce qui dysfonctionne dans la culture politique chinoise : les penseurs chinois développent une fascination particulière pour la tradition (en réalité réinventée dans les années 1890) du *bushidō*, la « voie du guerrier » japonais. Le grand intellectuel réformateur Liang Qichao se désole par exemple du manque de vigueur des Chinois, qui lui semble justifier le mépris occidental pour « l'homme malade de l'Asie », et propose de « mettre les valeurs martiales à l'honneur » (*shangwu*)[7]. Les penseurs chinois réformateurs s'engagent ainsi dans une longue réflexion sur les causes historiques de la faiblesse physique et militaire supposée de leurs compatriotes, défauts qu'ils pensent indissociables d'un manque de civisme et de solidarité. Le milieu des étudiants au Japon, qui s'étoffe au début du XXe siècle, est un relais particulièrement actif de ces idées. Si certains sont séduits par un modèle d'héroïsme individuel et violent, incarné par les samouraïs nationalistes des années 1850-1860, la plupart sont surtout impressionnés par la qualité de l'armée japonaise et, plus généralement, par un respect des règles qu'ils identifient volontiers à la discipline militaire – le jeune Chiang Kaï-shek, étudiant au Japon en 1906-1907, partage cette fascination.

Dès la fin du XIXe siècle, et de manière beaucoup plus systématique lors des « Nouvelles politiques » (1901-1911), l'empire s'attelle à constituer de « Nouvelles armées » (*xin jun*) sur les modèles allemand et japonais. Une pyramide de nouvelles académies militaires leur est associée. Elles deviennent le laboratoire d'un premier modèle militaire chinois moderne à travers la formation des officiers, un vaste travail de traduction, et l'inculcation aux recrues de connaissances, de postures physiques et de normes vestimentaires en rupture avec le passé : les concours militaires, qui sont supprimés en 1901, récompensaient surtout la prouesse individuelle ; l'accent est désormais placé sur la discipline et la coordination. Surtout, l'abolition en 1905 de tout le système des concours impériaux contribue puissamment à rehausser le prestige du métier des armes : une partie des élites chinoises, privée d'un mécanisme de reproduction sociale aussi décisif qu'ancien, dirige ses enfants vers les académies militaires réformées. En outre, l'empire fait de la promotion des valeurs militaro-civiques une des missions du nouveau système éducatif pour les garçons qui se met en place après la fin du système des concours. Le désir de militariser les Chinois – de les réformer sur le modèle idéalisé de la discipline militaire moderne – est partagé par nombre d'acteurs aux objectifs politiques divers. Les notables réformateurs de la vallée du Yangzi se mobilisent pour la diffusion de « l'éducation au militarisme civique » (*junguomin jiaoyu*), tout comme les opposants en exil, qu'ils soient réformateurs ou révolutionnaires. Ces idées ne sont pas réservées à une mince élite : Mao Zedong, jeune instituteur hunanais qui n'a jamais quitté la Chine, s'en fera l'écho en 1917 dans son premier article d'importance, où il promeut l'éducation physique comme moyen de stimuler la vigueur militaire des jeunes. Sur ce plan comme sur d'autres, la révolution républicaine de 1911-1912 est un prolongement plus qu'une négation de la période des « Nouvelles politiques ». Des figures centrales de « l'éducation au militarisme civique », comme le général Jiang Baili, accèdent après 1912 à des fonctions importantes. La symbolique du pouvoir elle-même connaît une militarisation notable : les « Nouvelles armées » étant parmi les rares institutions encore intactes après l'effondrement de l'empire, c'est leur artisan principal, le général Yuan Shikai, qui s'impose comme homme fort de la jeune république (1912-1916), introduisant dans la culture politique chinoise la figure moderne du dictateur militaire. La modernité politique commence donc en Chine sous des auspices résolument martiaux.

Ce système de valeurs connaît un ébranlement au lendemain de la Grande Guerre. La catastrophe de la « guerre européenne », comme on l'appelle en Chine, conduit à un progrès général du pacifisme et, dans le monde extra-européen, à une remise en cause du militarisme qui a conduit l'Europe à la catastrophe après lui avoir assuré la suprématie mondiale. Cette critique prend volontiers un tour culturaliste, opposant une Asie pacifique et tournée vers la vie de l'esprit à une Europe matérialiste et belliqueuse. En

Inde, le poète Rabindranath Tagore donne de ce thème la version la plus élaborée. En Europe, des esprits critiques de la modernité se tournent vers les sagesses orientales comme planches de salut. En Chine, Liang Qichao, grand défenseur des « vertus martiales » européennes vingt ans auparavant, les rejette à l'occasion d'un voyage en Europe où il constate la dévastation du continent, tandis que l'ambassadeur chinois à la Conférence de la paix de Paris présente Confucius comme le lointain ancêtre spirituel du président Wilson, qui incarne alors la quête d'un monde débarrassé de la guerre[8].

Il faut toutefois se garder d'exagérer la pénétration de ces idées en Chine, car la réalité politique chinoise se prête très mal au pacifisme. La déliquescence de l'État central après la mort de Yuan Shikai en 1916 provoque une fragmentation du pays entre potentats militaires (les « seigneurs de la guerre ») qui s'affrontent par la force des armes. Parmi ceux qui s'en désespèrent, l'exemple de la révolution russe popularise l'idée que le pays ne pourra être sauvé que par une seconde révolution, armée celle-ci. Deux formations politiques s'inspirent du bolchevisme : le petit PCC (créé en 1921) et surtout le nouveau Kuomintang de Sun Yat-sen, réorganisé sur le modèle léniniste en 1923. Les deux partis obtiennent l'aide de Moscou, qui leur impose un Front uni et leur fournit des moyens en vue de la réunification du pays par les armes : dans les années 1920, la « révolution » s'identifie à une conquête militaire de l'intérieur[9]. Elle est couronnée de succès en 1928, à la suite d'une campagne (« l'Expédition du Nord ») qui ne fait que renforcer l'ascendant des militaires sur le régime, désormais dirigé par le général Chiang Kaï-shek. Installé au pouvoir,

Chiang reprend à bien des égards le projet d'inculquer aux Chinois des vertus militaires. Exercices, marche au pas et salut au drapeau se diffusent dans le système scolaire. En 1934, il lance un programme de réforme des mœurs et de mobilisation de la population, le Mouvement de la vie nouvelle, qui se propose explicitement de « militariser » (*junshihua*) le comportement des citoyens jusque dans le lieu de travail et la sphère domestique. La « vie nouvelle » qu'il essaie d'imposer prend volontiers la forme d'une discipline de caserne (obéir, se laver le visage, ne pas cracher, se tenir droit...)[10]. Dans les années 1930 encore, l'étoile du militarisme ne semble pas avoir beaucoup pâli.

Face au Japon : invention d'une Chine pacifique et déni de la conquête

Cependant, militarisme ne signifie pas bellicisme. La République de Chine peut bien rêver à la (re)conquête des territoires qui ont pris leur indépendance de fait après l'effondrement de l'empire (voir le chapitre 5), elle n'a aucunement les moyens de ses ambitions. Elle est même contrainte à la défensive face à un Japon de plus en plus agressif dans les années 1930, menace qui explique d'ailleurs en partie les efforts du Kuomintang pour aguerrir la population. De même, l'invasion massive de 1937 ouvre une phase de mobilisation en vue de la guerre qui s'étire jusqu'au début des années 1950, la guerre civile entre Kuomintang et PCC (1946-1949) et la guerre de Corée (1950-1953) ne laissant aucun répit à la société chinoise. La conscription longtemps annoncée est mise en place, même si l'occupation japonaise de la Chine côtière en réduit l'extension géographique et que les paysans essaient, dans les dernières années du conflit, d'échapper à la presse par tous les moyens. La guerre voit par ailleurs la diffusion d'une propagande d'une échelle sans précédent dans la profondeur du pays, qui accoutume la population à l'idée de défense nationale. Ces mutations trouvent un écho chez certains intellectuels, jusqu'alors assez réticents à suivre le régime dans ses rêves d'embrigadement de la population. Un groupe d'historiens, économistes, philosophes et critiques littéraires fonde en 1940 à Chongqing, capitale de guerre de Chiang Kaï-shek, la revue *Annales des Royaumes combattants*, nommée en référence aux siècles les plus belliqueux de l'Antiquité chinoise, qui apparaissent comme un passé martial indigène dans lequel il est possible de puiser pour les besoins du présent. Peu avant, leur membre le plus célèbre, l'historien Lei Haizong, réfugié dans l'ouest du pays pour échapper à l'occupation japonaise, avait publié un ouvrage où il fustigeait la culture traditionnelle chinoise, « culture a-martiale » (*wu bing de wenhua*), « culture intégralement négative, dont la principale caractéristique est l'absence de réels soldats, c'est-à-dire l'absence de citoyens, c'est-à-dire l'absence de vie politique », et déplorait la division entre *wen* et *wu* ainsi que la « haine de la guerre » du peuple chinois[11]. Pour ces auteurs comme pour le Kuomintang, la « guerre de résistance au Japon » est l'épreuve du feu qui réconcilie enfin les Chinois avec les qualités guerrières.

Le paradoxe est que c'est précisément face à l'agression japonaise que les autorités du Kuomintang se rabattent sur le mythe – destiné à un public étranger – d'une Chine intrinsèquement pacifique. On en trouve une formulation

La République de Chine dans les années 1930-1940

précoce dans l'Adresse aux nations amies que Sun Yat-sen rédige le 5 janvier 1912, au lendemain de la fondation de la République : « Notre nation chinoise est pacifique et respectueuse des lois par nature, elle n'a jamais engagé de guerre si ce n'est pour se défendre. » Mais c'est au début des années 1930 que cette idée devient un élément de la posture diplomatique chinoise. Comme on l'a vu au chapitre précédent, dès 1931, une partie de l'Armée impériale japonaise a pris l'initiative d'envahir la Mandchourie, territoire autonome *de facto* depuis l'effondrement de l'empire Qing, où les intérêts japonais sont importants mais qui se rapproche dangereusement, du point de vue nippon, du gouvernement de Chiang Kaï-shek. Tokyo, qui n'a pas été mis dans la confidence, valide le coup de force *a posteriori*. L'affaire de Mandchourie déclenche une crise majeure à la Société des nations (SDN), qui marque l'opinion internationale au point qu'Hergé l'évoque en 1934 – en la transposant quelque peu – dans *Le lotus bleu*. Certes, le Japon refuse de restituer sa conquête et claque en 1933 la porte de l'organisation ; l'épisode apparaît rétrospectivement comme le premier grand échec de la SDN dans la marche à la Seconde Guerre mondiale. Mais les termes mêmes du débat montrent que le système international a changé. Au lieu de faire de la Mandchourie une colonie, comme il l'avait fait de Taïwan (1895) et de la Corée (1910), le gouvernement japonais reconnaît l'indépendance (purement factice) du « Mandchoukouo », État qu'il prétend avoir émancipé de la domination chinoise. C'est qu'entre-temps, la création de la SDN et le pacte Briand-Kellogg de 1928, qui a mis la guerre « hors la loi », ont profondément fragilisé le principe du droit de conquête ; dans un hommage du vice à la vertu, l'envahisseur se réclame donc du droit des peuples à disposer d'eux-mêmes. La stratégie de défense des autorités chinoises est symétrique. Incapables de résister seules au Japon sur le plan militaire, elles en appellent aux grandes puissances en insistant sur le contraste entre un Japon belliqueux – ce qui est d'autant plus facile que les militaires y prennent une importance croissante dans les années 1930 – et une Chine foncièrement pacifique, voire pacifiste (pilule plus difficile à faire avaler compte tenu de la nature du régime de Chiang Kaï-shek, qui affiche à l'occasion son admiration pour les régimes fascistes). C'est également dans les années 1930 que la Grande Muraille est investie par le régime comme un symbole positif, celui d'une nation valeureuse mais à la posture strictement défensive.

Cette image d'Épinal est tout particulièrement destinée au public américain, parce que les États-Unis, bien que n'adhérant pas à la SDN, sont la grande puissance mondiale de l'après-Grande Guerre et un des garants de l'intégrité territoriale de la Chine (voir le chapitre 6), mais aussi parce qu'ils entretiennent des liens privilégiés avec une partie de l'élite chinoise. Cette affinité remonte au début du XXe siècle, Washington ayant eu l'habileté de convertir l'indemnité exigée après la révolte des Boxeurs en bourses d'étude dans les universités américaines. Dans les années 1930, on trouve donc un nombre important de Chinois formés au savoir « moderne » aux États-Unis, qui peuvent jouer le rôle de passeurs culturels. C'est par exemple le cas de Lin Yutang, inventeur et écrivain à succès qui se fait un nom aux États-Unis, où il réside souvent, comme interprète du caractère national chinois pour les Occidentaux. Dans son ouvrage célèbre de 1935, *My Country and My People*[12], Lin fait tout naturellement du « pacifisme » un trait fondamental de la culture chinoise, par opposition aux Occidentaux et bien sûr aux Japonais, et si l'appréciation comporte encore une part négative (ce pacifisme ne s'accompagnerait-il pas d'une certaine apathie ?), la tonalité générale est laudatrice : dans le climat tendu des années 1930, on ne saurait entièrement dénigrer cette prudente sagesse. D'autres auteurs tiennent à peu près le même langage, avec succès s'il faut en croire la teneur de la propagande américaine durant la Seconde Guerre mondiale. Dans le film *Why We Fight: The Battle of China*, que Frank Capra tourne sur commande du ministère de la Guerre en 1944, la voix off affirme à un public peu au fait de la différence entre Chinois et Japonais que la Chine, contrairement à son voisin, n'a pas mené une seule guerre d'agression en quatre mille ans. Du côté du gouvernement de Chiang Kaï-shek, qui résiste à l'Armée impériale du Japon dans le sud-ouest du pays, l'heure n'est évidemment plus à l'admiration de la singularité « martiale » du Japon, qui avait tant fasciné au tournant du XXe siècle : elle est devenue un vice.

L'idée d'une Chine éternellement rétive à la guerre d'agression n'est pas un simple thème de propagande extérieure manié par le gouvernement et des intellectuels patriotes. Elle infuse aussi dans la discussion interne à l'espace public chinois, et en particulier, après l'amputation de la Mandchourie, dans la manière dont on écrit l'histoire de la formation du territoire national. On a déjà dit que les Qing, dynastie guerrière, ne faisaient pas mystère des méthodes par lesquelles ils avaient étendu leur empire. Si la bureaucratie chinoise était souvent rétive à ces entreprises, qui lui paraissaient un gaspillage de fonds publics pour acquérir des territoires sauvages et reculés, on constate un changement de ton au début du XIXe siècle, plusieurs auteurs han prenant le pinceau pour défendre le bien-fondé des conquêtes Qing. C'est par exemple le cas de Wei Yuan, qui livre en 1842 un *Récit des guerres saintes* de l'empereur Qianlong, qu'il approuve sans fausse pudeur en raison du glacis protecteur qu'elles ont apporté à la Chine, plutôt qu'au nom d'une quelconque mission civilisatrice[13]. Quelques décennies plus tard, Liang Qichao, soucieux de faire surgir une conscience nationale unifiée dans les frontières de l'empire, ne s'attarde pas trop sur les aspects les moins ragoûtants de leur genèse ; mais il n'a aucune honte à rappeler que les populations Miao du Sud ont progressivement été chassées de leurs terres par les colons han, tout comme les Aborigènes en Australie[14].

Les nationalistes républicains, eux, sont dans une position plus délicate. Conspuant les envahisseurs mandchous, ils ne peuvent se réclamer de leurs conquêtes du XVIIIe siècle, mais refusent en même temps de renoncer aux territoires non han de l'empire. Confrontés à la question, ils se contentent généralement d'affirmer en termes vagues que ces espaces ont toujours fait partie de la Chine, ou qu'ils sont nécessaires à sa prospérité et sa sécurité. Ce service minimal devient insuffisant quand se développent au Japon des discours savants qui, soulignant les spécificités culturelles des marges conquises par les Mandchous, suggèrent que la nation chinoise pourrait légitimement être réduite aux dix-huit provinces des Ming, et que Tokyo serait un bon tuteur pour les peuples non han fraîchement émancipés. Nombre de ces travaux sont traduits en chinois à partir des années 1920, témoignage d'une inquiétude croissante que l'invasion de la Mandchourie et les avancées du Japon en Chine du Nord et en Mongolie ne font qu'aggraver. Historiens, archéologues et géographes chinois s'emparent donc de la question. En 1932, l'un des premiers, Hua Qiyun, publie *Les régions frontalières de la Chine*, où il condamne l'indifférence traditionnelle des élites chinoises envers ces régions ; mais en guise d'explication de leur rattachement à la nation, on doit se contenter de lire que Mongolie et Xinjiang sont « entrés » dans le territoire chinois aux XVIIe et XVIIIe siècles. Le ton est donné : la littérature sur les « marges » qui fleurit dans les années 1930 préfère les tableaux économiques, stratégiques ou géographiques au récit des vicissitudes de la formation du territoire. Il y a certes des exceptions. Après l'invasion de la Mandchourie, le célèbre historien de l'Antiquité Fu Sinian répond aux Japonais par une *Histoire générale du Nord-Est*, où il affirme que cette région – qu'il préfère appeler Nord-Est que Mandchourie, pour ne pas lui reconnaître de caractère national – a toujours été rattachée à la Chine, culturellement du moins[15]. Une traduction partielle est fournie à la commission de la SDN en charge du dossier. En Chine comme à l'étranger, l'ouvrage est critiqué pour ses nombreuses erreurs factuelles, mais qu'importe : Fu est intervenu dans le débat en patriote, non en spécialiste, et il récidive trois ans plus tard en écrivant que si la Chine a bien été formée par la force à l'époque Qin-Han, cette construction était précédée par un très ancien « rêve d'unité[16] ». D'autres savants mettent ainsi en sommeil leur désir d'autonomie intellectuelle au nom du « salut national » (*jiuguo*). L'historien Gu Jiegang, grand briseur de mythes dans les années 1920, fonde en 1934 avec son collègue Tan Qixiang la revue *Yugong*, vouée à des études de géographie historique portant sur les marges du pays et à la défense d'une Chine unitaire, dans une opposition explicite aux thèses qui justifient les empiètements japonais. Dans les années qui suivent, Gu signe d'autres travaux qui relativisent le rôle de la guerre dans la formation du territoire chinois, les conquêtes Qing étant évoquées par des euphémismes comme « absorption », « pacification », ou à la rigueur « expédition[17] ».

Ces thèmes imprègnent le discours politique au plus haut niveau. En 1943, Chiang Kaï-shek, dirigeant de la Chine « libre », publie son principal ouvrage doctrinal, *Le destin de la Chine*. Il s'agit pour Chiang – par le truchement de sa plume Tao Xisheng – d'asseoir son statut de chef visionnaire en traçant un chemin pour son pays après la défaite du Japon, mais aussi d'ancrer cet avenir dans une interprétation de l'histoire chinoise dans la longue durée. Or celle-ci porte la marque de la géographie historique des années 1930, sous une forme encore simplifiée pour les besoins de la propagande : la Chine y apparaît comme un ensemble constitué de toute éternité, dont les parties sont vitales les unes pour les autres. Si elle s'est étendue, c'est toujours de manière organique : « Jamais notre nation n'a dépassé les frontières requises par sa croissance naturelle, jamais elle ne s'est étendue vers l'extérieur par la force des armes. » Certes, « du point de vue de l'histoire de la formation de la nation, notre nation chinoise fut constituée par la fusion de nombreux clans [répartis sur tout le territoire actuel] », mais « la force motrice de cette fusion a été la culture et non les armes, l'assimilation et non la conquête ».

Chiang ne savoure pas longtemps la victoire de 1945 : en 1949, la République de Chine est chassée du continent par les forces de Mao Zedong à la suite d'une guerre civile féroce. Sur le plan intérieur, le communisme prolonge et radicalise les dynamiques de militarisation de l'ère républicaine, même si c'est avec des attendus idéologiques très différents : le PCC généralise l'enrôlement dans la milice et l'instruction militaire, exalte les faits d'armes révolutionnaires et militarise l'organisation du travail. Même continuité sur le plan extérieur : la thèse de la « nation pacifique » convient fort bien au nouveau régime, car elle entre en résonance avec la dénonciation de l'impérialisme fauteur de guerre, élément essentiel de la propagande du bloc de l'Est, qui se présente comme le « camp de la paix[18] ». Les continuités sont également humaines. En RPC, Tan Qixiang, le collaborateur de Gu Jiegang, deviendra le maître d'œuvre d'un monumental *Atlas historique de la Chine* paru au cours des années 1980, dans l'introduction duquel on peut lire que les Qing ont non pas étendu mais « unifié » le pays, dont toutes les composantes actuelles sont « historiquement » chinoises.

Le déni de la conquête et le mythe du pacifisme viscéral de la Chine, qui se cristallisent dans les années 1930, ont donc une postérité considérable. À bien des égards, le discours actuel du régime en est encore tributaire. En revanche, le destinataire de ce discours a changé. Élaboré dans l'entre-deux-guerres à l'attention principale des puissances occidentales, dont on recherchait le soutien face au Japon, il est aujourd'hui plutôt destiné aux pays du Sud (ainsi qu'aux « amis de la Chine » dans les pays du Nord), et posé en contraste avec le passé conquérant de l'Europe, la remilitarisation du Japon et, surtout, la présence militaire américaine dans le monde.

CHAPITRE 8

La Chine maoïste, championne du Tiers-Monde ? (1949-1979)

Il est devenu difficile, dans la Chine actuelle, de critiquer la période maoïste – au sens large, de la fondation de la RPC en 1949 aux réformes de Deng Xiaoping en 1979. Cela n'a pas toujours été le cas : la résolution sur l'histoire du Parti adoptée par le Comité central en 1981 célébrait l'œuvre d'ensemble de Mao Zedong tout en dénonçant les graves « erreurs » de la fin de sa carrière (en particulier le Grand Bond en avant et la Révolution culturelle). Depuis un discours de Xi Jinping de janvier 2013, il n'est plus permis de préférer l'une des deux périodes du communisme chinois (pré- ou post-réformes) en rejetant l'autre : l'histoire de la RPC doit être approuvée en bloc. En parallèle, le Parti proclame son attachement à ses fondamentaux idéologiques et promeut un folklore « rouge » (chants communistes, références à la geste révolutionnaire...) qui s'était fait moins visible dans les années 1990-2000. Ces évolutions ont conduit certains observateurs occidentaux à parler d'un retour du marxisme, ou de la résurgence d'une ferveur communiste qui sommeillait près de la surface[1]. On peut douter de ce diagnostic : il y a loin de l'utilisation contrainte d'un certain langage politique, gage de loyauté au Parti, à l'adhésion au marxisme-léninisme comme grille d'explication du monde et guide pour l'action. Si le PCC encourage les Chinois à avoir confiance dans « leur » modèle politico-économique, présenté comme supérieur à celui de l'Occident, celui-ci reste mieux décrit par la notion de capitalisme d'État que par celle du communisme[2].

Reste le fait, incontestable, d'un changement de ton sur la période 1949-1979. Cette réhabilitation s'explique par des considérations de politique intérieure (trop critiquer Mao serait fragiliser le Parti), mais également extérieure. Comme nous le verrons, l'ère maoïste fut en effet un moment de projection du modèle communiste chinois à l'étranger et une époque où Pékin chercha à occuper une place centrale dans le monde non occidental, tout particulièrement dans le Tiers-Monde – précédent intéressant dans le contexte actuel, marqué par l'affaiblissement relatif de l'Occident et par les ambitions globales de la Chine. Bien sûr, le vocabulaire a changé : le développement économique vient remplacer la lutte révolutionnaire comme principal bienfait apporté par la RPC, et le Tiers-Monde d'hier est devenu le monde « en voie de développement ». Cette grille de lecture est consacrée par la résolution sur l'histoire du Parti de 2021, qui réserve des passages particulièrement longs à la politique extérieure de la RPC. On peut y lire qu'après la révolution de 1949, le Parti « aide les nouveaux États indépendants à se développer », que sa politique étrangère vaut à la Chine respect et éloges « de la part des autres pays en voie de développement », que le pays a « pris la ferme résolution de défendre les intérêts des pays en voie de développement »... Une identification aussi poussée au « Sud » peut surprendre dans un texte rédigé en 2021, à l'heure où la Chine est déjà une très grande puissance en pointe dans plusieurs domaines de l'innovation, et dont une part significative de la population urbaine a un niveau de vie comparable à celui des pays développés. En outre, la RPC des années 1980 et 1990 se souciait surtout de courtiser les investissements des nations industrialisées. L'appartenance de la Chine aux « pays en voie de développement » devient importante dans les négociations d'adhésion à l'Organisation mondiale du commerce (finalisée en 2001), l'obtention de ce statut entraînant des dérogations qui permettent d'adopter certaines mesures protectionnistes, mais l'enjeu est politique avant tout : à partir des années 2000, quand la diplomatie chinoise se tourne de nouveau vers le Moyen-Orient, l'Afrique et – dans une moindre mesure – l'Amérique latine, l'autodésignation de la RPC comme pays en voie de développement fait partie des signaux de solidarité envoyés aux pays pauvres, dont Pékin affirme comprendre les dilemmes et défendre les intérêts. C'est aussi l'époque où le discours chinois met l'accent sur l'importance de la multipolarité (comprendre : la fin de la centralité américaine) et des coopérations Sud-Sud, tendance qui n'a fait que se confirmer depuis la crise économique de 2008[3]. Les autorités joignent le geste à la parole, par exemple en offrant à des étudiants venus d'Afrique, d'Asie du Sud-Est ou d'Amérique latine des formations à la diplomatie, à la gouvernance économique et même au journalisme « à la chinoise[4] ».

Certes, l'expérience chinoise offerte en exemple aux pays du Sud n'est plus celle, révolutionnaire, des années 1950-1970 : elle se limite pour l'essentiel à une voie de développement non conditionnée par les valeurs de l'Occident hégémonique (libéralisation de l'économie, autonomie de la société civile, démocratie parlementaire...). Toutefois, Pékin mobilise explicitement la mémoire d'une ancienne solidarité « anti-impérialiste » au service de ses objectifs diplomatiques actuels. C'est particulièrement flagrant en Afrique subsaharienne, où une partie des succès chinois s'appuie sur la réactivation de liens anciens, tissés pour la première fois dans les années 1950-1960, comme en Tanzanie ou en Zambie.

La posture chinoise actuelle est marquée par un paradoxe évident, puisqu'elle insiste tout à la fois sur la singularité irréductible de chaque trajectoire nationale et sur le caractère exemplaire de celle que la Chine a connue. Le projet d'exportation du communisme propre à la guerre froide semblait plus cohérent à première vue. En réalité, cette tension est fort ancienne. Depuis sa naissance, le communisme chinois oscille entre l'affirmation d'un particularisme et un horizon universaliste qui a avant tout été proposé au Tiers-Monde – et s'est souvent traduit, nous allons le voir, par la revendication d'un rôle dirigeant pour la RPC.

1921-1949 : du cosmopolitisme à la restauration nationale

En Chine comme ailleurs, le communisme apparaît d'abord comme un mouvement aux ambitions mondiales.

Quand le PCC est créé en juillet 1921, c'est comme chaînon d'une tradition socialiste internationaliste à laquelle la révolution russe de 1917 a donné une nouvelle vigueur, et comme membre de la Troisième Internationale communiste (Komintern), l'organisation basée à Moscou chargée de coordonner les activités des partis communistes dans le monde. Ses dirigeants n'imaginent pas la révolution chinoise indépendamment d'une révolution mondiale qui abattrait un capitalisme lui-même global, tel que le *Manifeste du Parti communiste* de Marx et Engels le décrivait en 1848 :

> Déjà les démarcations nationales et les antagonismes entre les peuples disparaissent de plus en plus avec le développement de la bourgeoisie, la liberté du commerce, le marché mondial, l'uniformité de la production industrielle et les conditions d'existence qu'ils entraînent. Le prolétariat au pouvoir les fera disparaître plus encore. […] Du jour où tombe l'antagonisme des classes à l'intérieur de la nation, tombe également l'hostilité des nations entre elles.

La révolution communiste chinoise saurait d'autant moins se suffire à elle-même que le Parti est microscopique (cinquante-sept membres à sa fondation) et le pays fortement « arriéré » selon le schéma marxiste-léniniste : on ne peut espérer construire le socialisme dans une société où la grande masse paysanne est misérable, la classe ouvrière très étroite (moins de 1 % de la population) et le capital industriel et financier en partie entre des mains étrangères, même si une bourgeoisie indigène a commencé à fleurir dans les années 1910[5]. À ce titre, le rôle du communisme chinois ne peut être qu'auxiliaire : une révolution socialiste dans un tel pays peut déstabiliser le capitalisme mondial par la réaction en chaîne qu'elle entraînerait (contagion révolutionnaire dans les pays voisins, faillite des capitalistes étrangers présents en Chine...), mais elle ne saurait être décisive en elle-même. C'était d'ailleurs le calcul de Lénine, qui justifiait en 1917 sa décision de tenter quelque chose en Russie, pays lui-même retardataire (bien que plus industrialisé que la Chine), par la conviction qu'une chaîne rompt à l'endroit de son maillon le plus faible. Après la révolution d'Octobre, il attend d'abord une contagion vers l'Europe centrale. Elle échoue ; il place alors ses espoirs dans les « peuples d'Orient » (congrès de Bakou en 1920). Dans tous les cas, le mouvement révolutionnaire doit être international.

Les premiers communistes chinois sont disposés à jouer un tel rôle. Ce sont des intellectuels cosmopolites, encore marqués par l'universalisme confucéen qui fait des lettrés les porteurs d'un message éthique et politique valable pour l'humanité tout entière. L'engouement relatif pour le communisme est d'ailleurs concomitant de celui, bien plus grand à l'époque, pour la vision du monde proposée par le président américain Wilson (règlement des conflits par le droit international, droit des peuples à disposer d'eux-mêmes), qui éveille les mêmes espoirs de dépassement de la compétition violente entre nations : au tournant des années 1920, la Chine compte bien des esprits généreux aspirant à la libération du genre humain tout entier.

Toutefois, le rapport des communistes chinois à la nation est ambivalent, car le bolchevisme se présente *aussi*, dans les pays colonisés ou à la souveraineté mutilée, comme une voie de libération nationale. Le léninisme tenant l'impérialisme pour « le stade suprême du capitalisme », le Komintern soutient les luttes pour l'indépendance et la souveraineté ; en fonction des circonstances, il fait même primer ces dernières sur la lutte des classes, encourageant l'alliance des classes exploitées avec les segments patriotiques de la bourgeoisie indigène. C'est pour cette raison qu'il impose au jeune PCC un Front uni avec le Parti nationaliste (Kuomintang) de Sun Yat-sen ; en attendant que les conditions d'une révolution sociale mûrissent en Chine, la priorité est à la révolution nationale. Ce Front uni est fragile : il éclate en 1927, renaît en 1936 face à l'agression japonaise, s'effondre de nouveau une fois le Japon défait. Malgré ces fluctuations, le nationalisme s'installe au cœur de l'identité du Parti communiste. Dès la fin des années 1920, ce dernier n'a de cesse de se présenter comme la véritable force patriotique, en dénonçant avec quelque injustice le Kuomintang comme un complice de l'impérialisme étranger – japonais dans les années 1930 et pendant la guerre de 1937-1945, américain pendant la guerre civile de 1946-1949. Le communisme chinois est donc dès ses origines à la fois internationaliste et nationaliste, mais l'évolution du Parti fait progressivement pencher la balance du second côté. S'il est dominé à ses débuts par des militants cosmopolites des villes côtières, son enracinement rural après 1927 coïncide avec l'ascension progressive d'un dirigeant bien différent : Mao Zedong, paysan aisé du Hunan, qui n'a croisé que fort peu d'étrangers, ne lit aucune autre langue que le chinois et n'a jamais beaucoup aimé les intellectuels polyglottes à qui il a longtemps dû obéir. Son heure vient véritablement avec la Longue Marche (1934-1935), véritable exil intérieur par lequel ce qui reste des forces communistes, chassé de ses bases du sud de la Chine, échappe aux armées de Chiang Kaï-shek en se réfugiant dans le Nord-Ouest aride, autour de la base de Yan'an. C'est là que Mao, devenu chef suprême du Parti, le reconstruit et l'étend en mettant à profit l'invasion japonaise, qui lui permet à la fois de gagner en légitimité patriotique par la résistance à l'ennemi et de laisser le Kuomintang prendre les coups les plus durs. Autre élément de « nationalisation » du communisme dans les années 1930-1940, l'éloignement d'avec Moscou. Lors de la Longue Marche, Mao Zedong l'emporte sur plusieurs de ses rivaux dont Wang Ming, chef de file des « vingt-huit bolcheviks » récemment revenus d'URSS, les gardiens de l'orthodoxie stalinienne. En se regroupant à Yan'an, dans une région pauvre et enclavée, le PCC s'éloigne aussi du Komintern, dont les instructions ne parviennent plus avec la même régularité. Mao incarnera donc non seulement la ruralisation de la révolution chinoise, mais aussi la « sinisation du marxisme », adaptation de l'idéologie aux circonstances locales qui prendra souvent une coloration nationaliste.

La « libération » (*jiefang*) de 1949, comme l'appelle le régime, se veut un pas vers la réalisation du communisme mais également une restauration nationale, qui ne dédaigne d'ailleurs pas la symbolique impériale du pouvoir – c'est dans une partie de la Cité interdite, le palais des Qing, que s'installe le Parti une fois la capitale fixée à Pékin. Contrairement au Kuomintang, qui avait fait le choix d'approfondir l'« internationalisation » de la Chine[6] en maintenant une assez grande liberté de circulation pour les personnes, les marchandises, les capitaux et les productions culturelles venues de l'extérieur, le PCC se débarrasse méthodiquement des étrangers restés en Chine malgré l'invasion japonaise et la guerre civile. Hommes d'affaires bien sûr, mais aussi expatriés, diplomates (le régime communiste n'étant pas reconnu par les pays occidentaux), enseignants, médecins, missionnaires, parfois installés dans le pays depuis leur enfance, sont stigmatisés comme complices de l'impérialisme, poussés vers la sortie ou expulsés. Les Chinois qui ont des contacts avec eux sont sommés de les dénoncer au risque de s'exposer à une dure répression. Comparée aux révolutions française, américaine ou même russe, la révolution chinoise fait une place bien exiguë à ses sympathisants étrangers, dont seule une poignée est autorisée à rester. Même avec les pays amis du bloc de l'Est, les relations sont contrôlées à des degrés divers par les pouvoirs politiques. Avec la révolution de 1949, l'ère des libres circulations se referme.

Années 1950 : le tiers-mondisme au service du bloc de l'Est

Cette attitude de fermeture nationale ne s'accompagne pas tout de suite d'une prise d'autonomie idéologique. Le slogan de « sinisation du marxisme », souvent pris au pied de la lettre par une opinion occidentale assoiffée d'exotisme, ne peut cacher que l'organisation du Parti, la langue du maoïsme, sa pensée sont pour l'essentiel tirées de l'expérience de l'URSS, dont le PCC ne conteste pas la primauté. Une fois victorieux, c'est tout naturellement à Moscou que Mao se rend – c'est la première fois qu'il met le pied hors de Chine – pour être adoubé par le grand chef. Sur le plan géopolitique, l'alignement sur l'URSS est total et sans réserve, contrairement à ce qu'espèrent un moment certains observateurs américains, qui aimeraient voir en Mao un « Tito chinois », plus porté, comme le dirigeant communiste yougoslave, sur l'indépendance nationale que sur l'obéissance à Staline. C'est une illusion : comme Mao l'affirme à l'été 1949, il faut « pencher d'un seul côté ». Sur le plan intérieur, le prestige du modèle soviétique est immense, et les dirigeants chinois s'en inspirent dans des domaines très divers : l'économie d'abord, où la priorité donnée à l'industrie lourde (collectivisée), la planification et l'extraction du surplus agricole par une collectivisation progressive sont transposés ; mais aussi l'organisation de l'armée, l'éducation, l'urbanisme ou la littérature : on ne compte plus les traductions du russe vers le chinois dans la RPC des années 1950. Ce gigantesque transfert de compétences est permis par une aide soviétique (et est-européenne) considérable, qui représente en moyenne près de 1 % du PIB de l'URSS sur la période 1946-1960, et dont 15 % seulement seront remboursés : un tiers des projets du premier plan quinquennal chinois (1953-1957) est payé par l'aide étrangère[7]. Sous Staline, et plus encore sous Khrouchtchev à partir de 1954, des milliers de conseillers soviétiques assistent le régime chinois dans tous les domaines. La relation est donc aussi étroite qu'asymétrique.

Si cette subordination heurte la fierté des nouveaux maîtres de la Chine, ils acceptent leur place de « petits frères » car elle est compensée par un rôle de dirigeant en second du monde communiste. Dès sa fondation, la RPC a sa propre propagande extérieure en plusieurs langues, confiée au Bureau de l'information internationale et à Radio Pékin[8]. C'est surtout en Asie que la Chine a vocation à prendre la tête de l'expansion du communisme : à l'Académie du marxisme-léninisme, les dirigeants communistes asiatiques sont invités à s'imprégner des écrits de Mao et de l'expérience de la révolution chinoise[9]. Avec les communistes indochinois et coréens, Pékin peut capitaliser sur la proximité géographique et culturelle et des liens personnels anciens – Hô Chi Minh a été en partie formé en Chine dans les années 1920 et y a séjourné pendant la Seconde Guerre mondiale ; Kim Il-sung y a vécu près de vingt ans et a longtemps été membre du PCC. La RPC joue un rôle crucial dans le soutien au Vietminh (Ligue pour l'indépendance du Vietnam), en matériel et en conseillers militaires, et contribue puissamment à transformer les guérilleros des débuts en l'armée régulière qui défera les Français à Diên Biên Phu en 1954. L'influence chinoise est moins prédominante en Corée, considérée par Moscou comme relevant de sa sphère d'influence immédiate. Il n'empêche que ce sont des soldats chinois, et non soviétiques, qu'on y envoie mourir en 1950 pour arrêter la progression américaine lors de la guerre de Corée. De manière moins tangible, l'influence de Pékin se fait aussi sentir dans d'autres régions d'Asie, comme parmi les insurgés communistes malais et indonésiens, très souvent d'origine chinoise.

Dans tous ces pays, le PCC fait valoir son double combat, pour la révolution socialiste et la libération nationale. Pour une force telle que le Vietminh, qui fait passer la lutte contre la puissance coloniale française avant l'objectif communiste, une telle expérience en fait un interlocuteur plus naturel que le Parti soviétique (qui, quelles que soient ses positions, dirige l'État successeur d'une des puissances impérialistes de naguère). Mais c'est aussi un atout considérable dans le Tiers-Monde non communiste, qui émerge politiquement dans les années 1950. C'est ce qui explique l'invitation faite à la RPC d'envoyer une délégation à la conférence afro-asiatique de Bandung de 1955, dont la tonalité est pourtant le non-alignement. Zhou Enlai y connaît un véritable succès, avec des discours qui mettent l'accent sur ce qui unit les pays anciennement colonisés ou dominés (le refus de l'impérialisme et du colonialisme, la quête de souveraineté et de développement, l'égalité raciale[10]), par-delà ce qui les sépare (l'idéologie). Il ne faut pas y voir pour autant une autonomisation de la politique étrangère chinoise, « naturellement » plus à l'écoute des aspirations des ex-colonisés que l'URSS. Premièrement, la solidarité proclamée à Bandung n'empêche pas Pékin pas de promouvoir ses intérêts nationaux par les armes, y compris face au bastion du tiers-mondisme qu'est l'Inde de Nehru, défaite en 1962 dans une courte guerre dont l'enjeu est le tracé de la frontière du Tibet chinois. Deuxièmement, l'objectif de long terme de la RPC reste l'expansion du communisme. Entre Moscou et Pékin, sur la question du Tiers-Monde, il y a moins rivalité que division du travail, du moins jusqu'à la fin des années 1950.

Le maoïsme radical, nouvel universalisme ou fuite en avant nationaliste ?

Cela ne dure pas. Au début des années 1960, les deux grandes puissances communistes sont ouvertement en froid. La rupture n'est pas due, comme on l'a longtemps dit, à l'intransigeance idéologique de Moscou, qui aurait exigé de la Chine qu'elle suive aveuglément la voie soviétique. L'événement déclencheur de la crise est bien plutôt le choix de Khrouchtchev de dénoncer les « crimes de Staline » en 1956. Mao, qui craint les implications de ce choix pour son propre pouvoir, se convainc aussi que le grand frère soviétique a perdu la volonté de combattre le camp capitaliste, la « coexistence pacifique » prônée par Khrouchtchev lui apparaissant de plus en plus comme le faux nez d'un condominium américano-soviétique que le Kremlin n'a aucune raison de bousculer sérieusement. Il entre aussi beaucoup d'orgueil national dans l'éloignement sino-soviétique, qui se nourrit de rancœurs remontant jusqu'aux aux annexions territoriales tsaristes de 1860. Les dirigeants chinois cherchent la dispute, adressant à leurs homologues soviétiques des provocations de plus en plus insultantes (en juillet 1958, Khrouchtchev se rend à Pékin pour éteindre une énième querelle ; Mao, bien meilleur nageur, le force à mener la discussion dans sa piscine, le dirigeant soviétique tentant de suivre son homologue chinois à l'aide de brassards)[11]. En 1960, les conseillers soviétiques sont rappelés. Peu après, tout espoir de réconciliation s'évanouit. Le régime chinois fondé en 1949, profondément nationaliste, n'a pu s'accommoder qu'une petite dizaine d'années d'une place de second couteau dans la révolution mondiale.

Le PCC des années 1960 est encore pénétré de convictions révolutionnaires. Par conséquent, son autonomisation se formule dans les termes d'une rivalité idéologique de portée générale : Pékin prétend reprendre le flambeau du

La République populaire de Chine

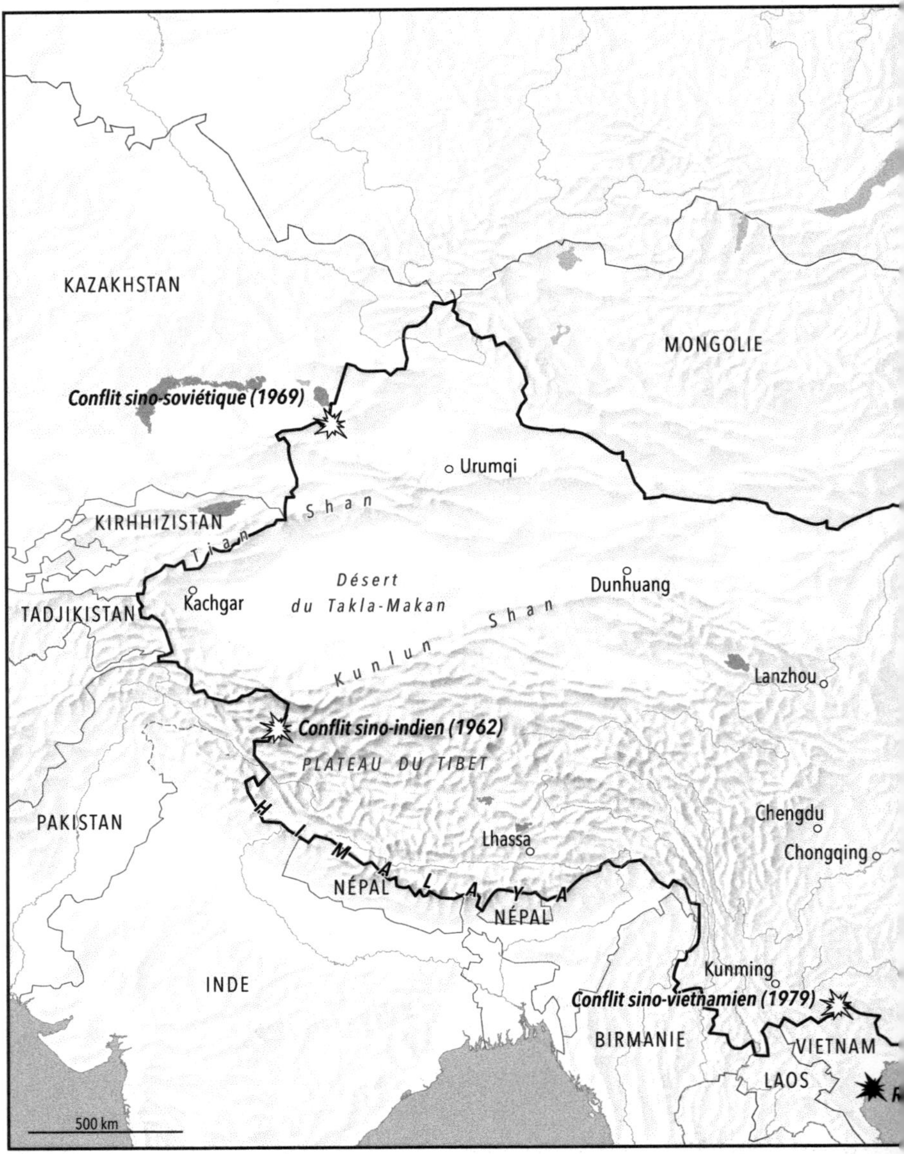

RUSSIE
Amour
Conflit sino-soviétique (1969)
Harbin
Shenyang
Hohhot
Pékin
Tianjin
Corée du Nord (1950-1953)
CORÉE DU NORD
Mer du Japon
CORÉE DU SUD
Jinan
Xi'an
Mer Jaune
JAPON
OCÉAN PACIFIQUE
Nankin
Yangzi
Hankou
Shanghai
Mer de Chine Orientale
Fuzhou
Crises du détroit de Taïwan (1954-1955, 1958, 1995-1996)
Canton
Xiamen
TAÏWAN
GUAM
Mer de Chine Méridionale
blique démocratique du Vietnam (1949-1975)
PHILIPPINES
Frontière de la République populaire de Chine
Intervention militaire chinoise
Conflit frontalier
TAIWAN
Siège de la République de Chine
Présence militaire américaine aujourd'hui

marxisme-léninisme authentique, abandonné par l'URSS qui se livrerait au « révisionnisme », c'est-à-dire à la dénaturation de l'orthodoxie communiste. Sur le plan intérieur, Mao Zedong lance tour à tour le Grand Bond en avant (1958-1961), une accélération drastique de la collectivisation agraire doublée d'objectifs de production délirants, puis la Révolution culturelle (1966-1969 dans sa phase intensive), qui vise à éliminer les éléments « révisionnistes » au sein du Parti tout en donnant une éducation révolutionnaire à la jeunesse, chargée de les combattre elle-même. Sur le plan extérieur, la Chine se pose comme le nouveau modèle et moteur de l'internationalisme socialiste, en remplacement d'une URSS qui aurait renié ses principes. Les *Citations du Président Mao* (le « Petit livre rouge »), devenu le bréviaire du maoïsme en Chine après sa publication en 1963, sont traduites par les Éditions en langues étrangères de Pékin en des dizaines de langues et publiées à plus d'un milliard d'exemplaires (quatre millions en tout seront par exemple distribués au Mali, soit un par habitant[12]). Partout dans le monde, le PCC fournit en publications (et en argent) les organisations, parfois très petites, qui prennent son parti dans le schisme sino-soviétique. En 1963, Mao affirme qu'il existe non plus deux blocs opposés, mais deux « zones intermédiaires », l'Asie, l'Amérique latine et l'Afrique, d'une part ; l'Europe, le Japon et le Canada, de l'autre, qui en dépit de leurs différences, partagent un rejet de l'hégémonie tant américaine que soviétique. C'est dans ce gigantesque espace que la RPC tente de mettre à mal l'URSS. Dans la deuxième zone intermédiaire, la voie chinoise séduit certains intellectuels communistes, qui pensent y trouver une alternative à un soviétisme sclérosé. En France, en Italie, en Belgique, au Japon, des groupes maoïstes se forment, *ex nihilo* ou par scission d'organisations communistes. Dans une partie de la jeunesse, la concomitance de la Révolution culturelle et des années 1968 crée l'illusion d'une cause commune, les manifestants du Mai parisien pouvant s'identifier aux gardes rouges qui, peu avant, partaient eux aussi à l'assaut des représentants de l'autorité. Parmi les démocraties populaires, l'Albanie prend parti pour Pékin, par refus de la déstalinisation.

Mais l'effort chinois porte surtout sur la première zone intermédiaire, à savoir le Tiers-Monde. En 1965, le ministre de la Défense et successeur désigné de Mao Zedong, Lin Piao, appelle toute l'Asie, l'Afrique et l'Amérique latine, la « campagne du monde », à encercler les « villes du monde » que seraient l'Amérique du Nord et l'Europe occidentale ; quant aux « révisionnistes » soviétiques, ils sont carrément désignés comme les « complices des gangsters impérialistes » américains[13]. La division du travail entre puissances communistes est devenue rivalité hostile. La RPC y met les moyens : de bénéficiaire de l'aide internationale, elle devient contributrice nette dans les années 1960, faisant profiter de ses largesses des pays communistes (qui jouent de la rivalité entre Moscou et Pékin pour obtenir autant d'aide que possible des deux côtés) et des États nouvellement indépendants, en Afrique notamment. Rapporté à l'économie chinoise de l'époque, l'effort est considérable : le Grand Bond en avant est responsable d'une famine qui tue entre vingt et quarante millions de personnes, ce qui n'empêche pas Mao d'augmenter les volumes d'aide étrangère – il est hors de question d'admettre que la voie chinoise vers le socialisme est un échec. En 1971, Zhou Enlai déclare que la RPC consacre « plus de 5 % » de son budget à l'aide internationale, en valeur relative cinq fois plus que l'URSS et trois à quatre fois plus que les États-Unis à la même époque[14].

L'Afrique, qui connaît une vague de décolonisation au tournant des années 1960, est particulièrement visée par l'offensive de charme chinoise. Elle commence à la fin des années 1950 avec l'invitation à Pékin de nombreux dirigeants indépendantistes et un soutien chinois direct à certains mouvements de lutte armée, comme celui de l'ANC en Afrique du Sud, et se poursuit après les indépendances avec la tournée africaine de Zhou Enlai à l'hiver 1963-1964. Partout, la RPC excipe de son expérience de l'occupation étrangère et du sous-développement pour souligner sa communauté d'expérience avec les nouveaux pays africains, malgré des arrière-plans historiques profondément dissemblables. Elle joint à l'aide financière une assistance non monétaire, posant les 2 000 kilomètres du chemin de fer Tanzanie-Zambie et envoyant sur le continent des experts, agronomes, ingénieurs ou médecins. Le maoïsme trouve un véritable écho dans certains pays du Tiers-Monde. En Afrique, le rapprochement le plus réussi se fait avec la Tanzanie de Julius Nyerere, qui développe une grande admiration pour ce qu'il perçoit – et ce qu'on lui montre – de la révolution chinoise. À l'image de nombreux sympathisants africains, Nyerere n'est pas un maoïste orthodoxe, ne serait-ce que par sa volonté d'indigéniser le socialisme et son idéalisation de l'économie africaine précoloniale (qu'il veut croire égalitaire). Mais il s'inspire de la RPC sur plusieurs points pour édifier son socialisme autochtone, l'*ujamaa* : la construction du communisme dans un pays agraire et pauvre par la discipline collective, un travail acharné et une quête d'autosuffisance (fictive en Chine, on l'a vu) qui le prémunirait contre les menées néocolonialistes. Les références à la symbolique du maoïsme sont omniprésentes, de l'expression « Longue Marche », que Nyerere utilise pour désigner ses tournées dans le pays, au « Petit livre rouge », dont le format est imité pour publier les propos édifiants des dirigeants, en passant par les « gardes verts », l'organisation de jeunesse du régime. L'épigone tanzanien du maoïsme ne fonctionne d'ailleurs pas mieux que l'original, puisque l'*ujamaa* débouche sur un échec économique, une famine et un surcroît de répression[15].

La population chinoise est bombardée de messages lui assurant que la Chine est le cœur battant d'une révolution mondiale en pleine phase ascendante. L'internationalisme maoïste a une dimension intensément narcissique : la propagande interne ne manque jamais une occasion de montrer les « masses » du monde entier confites dans l'adoration du Grand Timonier, dont le prestige rejaillit sur toute la Chine ; un de ses thèmes est même l'abandon de leur foi par des croyants étrangers au profit du culte de Mao[16]. Ce chauvinisme ombrageux, qui n'est jamais très loin de la surface et ressurgit aussitôt que la justesse du modèle chinois est contestée, explique en partie l'échec final du défi maoïste à l'URSS. À partir de la Révolution culturelle, Pékin se met à exiger la loyauté exclusive de ses « amis », sommés de rejeter l'aide de Moscou, sans même parler de celle des Occidentaux. C'est hors de question pour les communistes asiatiques mais aussi pour les régimes nouvellement indépendants du Tiers-Monde, qui tolèrent mal qu'on leur intime de choisir un nouveau patron – *a fortiori* quand la RPC en pleine radicalisation se met à soutenir la lutte armée contre des États qu'elle courtisait trois ans auparavant, jetant par-dessus bord la non-interférence qu'elle prônait à Bandung. Le PCC est trop absorbé par sa fuite en avant pour remédier à cette désaffection. La Révolution culturelle libère des pulsions qui, pour déguisées qu'elles soient par une rhétorique révolutionnaire internationaliste, ont une dimension clairement xénophobe : la quasi-totalité du réseau diplomatique chinois, accusé de révisionnisme, est démantelé, tandis que les étrangers présents en Chine – sympathisants du régime ou diplomates – sont persécutés ou menacés. En 1969, quand les dirigeants chinois provoquent des heurts frontaliers avec l'URSS, le pays, presque totalement isolé, s'approche de l'abîme.

Il s'en écarte au prix d'un tête-à-queue idéologique complet. En 1971-1972, Mao Zedong et Zhou Enlai organisent un rapprochement soudain avec les États-Unis de Richard Nixon, formant une alliance non déclarée – mais évidente pour tous – contre l'Union soviétique. Parmi ce qui reste de sympathisants de Pékin, c'est un coup de tonnerre : le champion de la lutte à outrance contre l'impérialisme a retourné sa veste, quelles que soient les assurances verbales que le PCC continue de donner. Au fil des années 1970, il cesse peu à peu de soutenir la lutte armée dans le monde, sauf là où elle peut nuire aux intérêts soviétiques. Si l'heure n'est pas encore à l'abandon du communisme en République populaire, le régime opère donc un découplage entre politique internationale et politique intérieure, avec comme point culminant une courte guerre avec le Vietnam – symbole par excellence du combat anti-impérialiste – à l'hiver 1978-1979. Désormais, l'intérêt national chinois s'exprime nu, sans justification idéologique à portée universelle. Au même moment, Deng Xiaoping tourne la page du maoïsme.

À partir des années 1980, la diplomatie chinoise se réoriente, les réformes de Deng étant inséparables de l'ouverture contrôlée du pays aux investissements et aux savoir-faire des pays capitalistes. Les relations avec ce qu'on appelle désormais les « pays en voie de développement » ne cessent pas, mais la RPC regarde prioritairement vers l'ouest (et le Japon). Le réinvestissement massif du Sud par la diplomatie chinoise à partir des années 2000, qui s'explique par les besoins du pays en matières premières puis par une lutte d'influence avec l'Occident, explique que Pékin invoque plus qu'avant son passé comme phare de l'internationalisme et du tiers-mondisme. Mais cette solidarité, même aux grandes heures du maoïsme, a toujours été subordonnée à un projet de puissance nationale chinoise, comme en témoigne la facilité avec laquelle il fut abandonné dans les années 1970.

Chapitre 9

Taïwan, la province perdue ?

Pourquoi achever cet ouvrage par un chapitre sur la question taïwanaise, problème apparemment local, tandis que les chapitres précédents traitent tous de grands récits qui structurent le rapport du pouvoir chinois au monde dans son ensemble ? D'abord, parce qu'elle représente un enjeu géopolitique global. Si *The Economist* a pu qualifier le détroit de Taïwan de « lieu le plus dangereux de la Terre » en mai 2021, ce n'était pas en référence à une guerre sino-taïwanaise, mais à la possibilité qu'elle dégénère en affrontement entre la Chine et les États-Unis. C'est sur l'île de 23,5 millions d'habitants que se cristallise de la manière la plus dangereuse la rivalité entre les deux premières puissances militaires du monde. Ensuite, parce que le thème de la « réunification » avec Taïwan, considéré comme un territoire historiquement chinois injustement séparé de la mère patrie, et un des récits les plus consensuels et les plus puissamment investis d'émotions qu'on puisse trouver dans la culture politique chinoise, parmi la population comme chez les dirigeants. On peut concevoir que Pékin renonce un jour, dans le cadre de négociations, aux îles Senkaku/

Diaoyu (contestées au Japon) ou à certaines des îles Spratley (disputées aux pays d'Asie du Sud-Est). Un abandon de ses revendications sur Taïwan est impensable, au moins tant que le PCC est au pouvoir, tant la question est identitaire pour le régime depuis qu'il a remplacé celui de Chiang Kaï-shek sur le continent en 1949 et que celui-ci s'est réfugié sur l'île. Le préambule de la Constitution de 1982 fait d'ailleurs de la réunification avec Taïwan, « territoire sacré de la République populaire de Chine », un « devoir sacré du peuple chinois tout entier ».

Devoir sacré qui reste pour l'instant inaccompli, puisque si le rapport de force entre la RPC et la République de Chine (le nom du régime sis à Taïwan depuis 1949) s'est renversé de manière décisive en faveur de la première, les États-Unis accordent à la seconde une protection militaire aujourd'hui quasiment explicite, si bien qu'une conquête par la force serait une opération possible, mais extraordinairement risquée. Pour l'instant, Pékin use donc de tous les autres moyens à sa disposition pour atteindre son objectif à long terme. La modernisation de son armée depuis les années 1990 est largement orientée vers le scénario d'un affrontement dans le détroit (agrandissement de la flotte, acquisition de missiles antinavires, développement des capacités de « déni d'accès » limitant la capacité de Washington de voler au secours de Taipei...). La Chine populaire recourt également à des mesures de coercition économique, même si l'interdépendance des économies continentale et taïwanaise dans certains secteurs limite ses possibilités en la matière. Enfin, sur le plan diplomatique, elle exerce une pression tous azimuts pour que soit respectée son interprétation du principe de la « Chine unique » : Pékin ne ménage pas ses efforts pour attirer à soi les derniers pays reconnaissant encore la République de Chine (une douzaine), intimider les États qui accordent à Taïwan une quasi-reconnaissance trop explicite, sanctionner les multinationales qui ne la décrivent pas comme une province chinoise sur leurs sites Internet, ou encore chasser Taipei des organisations internationales où il est encore présent, comme l'Organisation mondiale de santé. Il s'agit d'effacer autant que possible Taïwan du système international.

Les raisons d'une telle fixation ne sont pas simplement – ni même principalement – utilitaires. On évoque parfois la prospérité de Taïwan et sa position privilégiée dans le secteur stratégique des semi-conducteurs, mais la RPC n'a pas eu besoin de contrôler l'île pour connaître un développement économique fulgurant ces trente dernières années, ni d'ailleurs pour profiter des échanges de biens, de technologies et de capitaux entre les deux rives du détroit. Le PCC craint-il, comme on peut aussi le lire, l'exemple donné par cette société culturellement proche, qui fait mentir l'idée que les libertés individuelles et le suffrage universel seraient des valeurs nécessairement étrangères à la civilisation chinoise ? C'est possible à un certain degré, mais force est de constater que la contagion démocratique n'a jamais pris ; sur ce plan, le régime chinois a d'ailleurs plus de raisons de s'inquiéter du *soft power* américain que de la séduction exercée par la société formosane. Les considérations géostratégiques sont plus décisives : Taïwan, si elle n'abrite pas de base américaine contrairement à la Corée du Sud ou à Okinawa, est un proche allié des États-Unis et un verrou dans la « première chaîne d'îles » qui compliquerait l'accès au Pacifique des navires et sous-marins chinois en cas de crise.

Toutefois, d'un point de vue purement pratique, Pékin pourrait sans doute s'accommoder de ces contraintes. L'intransigeance de sa position sur la question de Taïwan relève avant tout de l'émotion et de l'imaginaire politique (ce qui n'interdit pas le pragmatisme dans la gestion quotidienne du problème). L'île restée hors de portée en 1949 est le symbole de l'inachèvement de la victoire du PCC, conçue comme une entreprise de restauration nationale. Il est donc vital que la République de Chine soit un régime fantoche – sans quoi la légitimité de la RPC elle-même serait en cause – ; mais il importe également que Taïwan ne soit pas une nation, quoi qu'en disent aujourd'hui la majorité de ses habitants. Leur opinion importe d'ailleurs peu aux yeux de Pékin et de la majorité de la population chinoise, qui perçoit avant tout l'indépendance *de facto* de Taïwan comme une iniquité imposée par les Américains : le problème formosan ne relève pas de l'autodétermination nationale mais d'un droit « historique », qui repose sur la formule inlassablement répétée que l'île appartient à la Chine « depuis l'Antiquité » (*zi gu yi lai*)[1]. Or cette croyance est beaucoup plus récente qu'il n'y paraît.

La naissance tardive d'un « Far East » chinois

Au plus étroit, le bras de mer qui sépare Taïwan du continent est large de 130 kilomètres ; il est donc probable que de nombreux navigateurs chinois aient abordé ses rivages au cours de l'Histoire. Cependant, on n'en trouve aucune trace sur les cartes chinoises jusqu'à la fin des Ming. Quant aux textes historiques, s'ils mentionnent deux expéditions vers des îles mal identifiées aux IIIe et VIIe siècles, on ne peut affirmer avec certitude qu'elles correspondent à Taïwan plutôt qu'à l'archipel des Ryūkyū ou à celui des Penghu (Pescadores) ; au XIVe siècle en revanche, le voyageur chinois Wang Dayuan y accoste certainement. Quelle que soit la réalité de ces contacts, il n'existe aucune relation politique entre les deux rives : l'île n'est pas sur le radar des pouvoirs chinois, traditionnellement tournés vers la terre, et n'y apparaît pas davantage avec les expéditions de Zheng He[2]. Il faut attendre le dernier tiers du XVIe siècle et l'assouplissement de l'interdit qui frappait la navigation hauturière pour que des marins du Fujian – province située en face de Taïwan – fassent le voyage régulier vers la « belle île » (Ilha Formosa), comme l'ont appelée des marins portugais. Certains pêchent dans ses eaux, d'autres commercent avec la mosaïque de peuples austronésiens qui y résident (peut-être cent mille personnes) ou avec leurs homologues japonais. Quelques-uns s'y installent pour mener leurs affaires, mais Formose n'est pas un lieu d'établissement permanent. C'est encore moins une revendication de l'empire, dont les élites, quand elles s'y intéressent, n'y voient qu'une terre « au-delà des mers » (*haiwai*) et « en dehors de la civilisation » (*huawai*), habitée par des peuplades étranges et belliqueuses[3], et utilisée comme base arrière par de vastes organisations de contrebandiers et de pirates sino-japonais.

Paradoxalement, c'est à des Européens qu'on doit l'installation à Taïwan de Chinois en grand nombre. Les Provinces-Unies, émancipées des Habsbourg depuis 1579, mènent une concurrence agressive aux intérêts espagnols dans les Indes par le truchement de la Compagnie Unie des Indes orientales (VOC), habilitée à faire la guerre et à administrer des terres aussi bien qu'à commercer. En 1624, elle construit Fort Zeelandia à l'ouest de Taïwan, dans le but de faire pièce au commerce espagnol avec la Chine, mené depuis les Philippines ; son autorité effective s'étend à la côte sud-ouest de l'île. Les autorités de Manille réagissent en s'implantant au nord, mais sans y mettre les moyens nécessaires ; elles en sont chassées par les Hollandais en 1642. La VOC ajoute bientôt à ses activités commerciales une mise en valeur des terres environnantes, qu'on découvre très fertiles. Les Austronésiens refusant de se soumettre au dur labeur impliqué par la culture du riz et du sucre, et les Pays-Bas étant trop lointains pour en faire venir des travailleurs en grand nombre, la compagnie recourt à l'importation de main-d'œuvre du Fujian, attirée au moyen de terres, d'animaux et de remises de taxes : aux yeux de la VOC, les Chinois sont « les seules abeilles qui donnent du miel à Formose ». S'engage alors une « co-colonisation » asymétrique, les Chinois se chargeant de travailler et d'occuper la terre, les Hollandais de l'administrer et d'organiser le commerce extérieur[4] ; quant aux Austronésiens de la plaine côtière occidentale, ceux qui ne se fondent pas dans la population han sont progressivement dépossédés et repoussés vers l'arrière-pays montagneux.

Cet attelage inhabituel dure une trentaine d'années, qui voient la population chinoise de Taïwan changer d'échelle (elle se compte désormais en dizaines de milliers). L'homme qui y met fin, devenu légendaire à Taïwan comme en Chine, porte le nom de Zheng Chenggong (« Koxinga » dans les sources européennes). Il est le fils d'une femme japonaise et d'un certain Zheng Zhilong, qui s'était imposé dans les années 1620-1630 comme la figure dominante des pirates opérant dans le détroit de Taïwan, au point de devenir un partenaire incontournable pour la VOC et de se voir offrir une magistrature par les Ming, qui avaient jugé moins coûteux de l'acheter que de le combattre. Son fils avait donc entamé une carrière de lettré respectable, avant qu'elle ne soit bouleversée par les invasions mandchoues des années 1640. Car si Zhilong finit par se soumettre aux Qing, Chenggong reste fidèle aux Ming, qui ont fui dans le Sud ; renouant à sa manière avec l'héritage paternel, il harcèle avec sa flotte les côtes du Fujian. Acculé par les forces Qing, il finit par se replier à Taïwan en 1661, en chassant les Hollandais par la force des armes. Formose – ou plutôt la majorité de sa plaine occidentale – a pour la première fois de son histoire un dirigeant chinois.

Elle reste une redoute loyaliste pendant une vingtaine d'années, jusqu'à ce que l'amiral Shi Lang, ancien subordonné de Koxinga passé aux Qing, ne la prenne en 1683. Mais que faire de l'île ? À des magistrats qui le félicitent de sa victoire, l'empereur Kangxi répond que « Taïwan n'est pas plus grande qu'une bille [de terre], nous n'avons rien à gagner à la prendre, et rien à perdre à y renoncer ». Dans son ensemble, la bureaucratie y voit également une contrée barbare qui coûterait davantage qu'elle ne rapporterait. Il faut la conviction et la connaissance de première main de Shi Lang pour convaincre la cour que l'île est fertile et, surtout, redeviendrait immédiatement un repère de séditieux et de pirates si elle était abandonnée. C'est donc de justesse, et pour des raisons stratégiques, qu'elle se voit incorporée à l'empire Qing.

Au XVIIIe siècle, Taïwan devient une « société de frontière » marquée par une colonisation de peuplement soutenue, dans un contexte d'explosion démographique chinoise qui attise une insatiable faim de terres. Ceux qui tentent l'aventure – en grande majorité des hommes – viennent surtout du Fujian et du Guangdong. Il s'agit presque toujours d'initiatives personnelles ; l'État chinois, pour qui l'essentiel est que Taïwan reste sous contrôle à moindres frais, n'a pas de plan systématique de défrichement et de colonisation. Il tâche d'ailleurs à plusieurs reprises d'entraver l'émigration chinoise de l'autre côté du détroit, qui entraîne des affrontements avec les autochtones repoussés toujours plus loin vers l'intérieur des terres, mais rien n'y fait : on estime que les Han deviennent majoritaires dans le cours du siècle (la population austronésienne est aujourd'hui très minoritaire sur ses anciennes terres). Il arrive tout aussi souvent que les groupes de pionniers se combattent. À l'occasion, les violences intercommunautaires dégénèrent en soulèvements contre les autorités ; un cliché de l'époque Qing veut que l'île connaisse « une petite rébellion tous les trois ans, une grande révolte tous les cinq ». Administrée de loin – c'est une préfecture rattachée à la province du Fujian –, Formose est un « Far East » remuant, qui continue de nourrir un imaginaire de sauvagerie et d'exotisme (voir le chapitre 5)[5].

Elle le reste près de deux siècles, avant de retrouver une importance stratégique dans le dernier tiers du XIX siècle en attirant les convoitises étrangères, dans un contexte d'affaiblissement de la Chine. Deux de ses ports sont ouverts au commerce international en 1860, à la suite de la seconde guerre de l'opium. L'île devient exportatrice de sucre, de thé et de camphre. Elle s'ouvre partiellement aux marchands et aux missionnaires occidentaux, dont des presbytériens anglais et canadiens qui laisseront une marque durable sur la culture locale. Enfin et surtout, elle éveille l'appétit du

Japon, qui en 1874 conteste pour la première fois la souveraineté chinoise sur l'île au motif que Pékin n'exerce pas sa juridiction sur les régions austronésiennes et montagneuses du Centre et de l'Est. En 1884-1885, lors de la courte guerre qui l'oppose aux Qing au sujet du Tonkin, c'est la marine française qui lance des raids au nord de Formose. Face à ces menaces, la cour réévalue l'importance de l'île. Elle entreprend de renforcer ses défenses, d'y construire une première ligne de chemin de fer, d'étendre le contrôle de l'État vers l'intérieur des terres – ce dont les Austronésiens paient encore une fois le prix – et de faire de Taïwan, en 1887, une province de plein droit[6]. La défaite face au Japon et la signature du traité de Shimonoseki en 1895 tuent dans l'œuf ces réformes ambitieuses. Taïwan est cédée à Tokyo en compensation de la péninsule du Liaodong, à laquelle le Japon doit renoncer sous pression russe, allemande et française. C'est un soulagement à Pékin : entre le Liaodong, proche de la capitale, et une île jugée encore à demi sauvage, il n'y a pas à balancer. La résistance d'une partie de la population, abandonnée par l'État chinois, ne peut empêcher Taïwan de basculer dans l'escarcelle d'un Japon expansionniste, qui en fait officiellement sa première colonie.

*De la perte aux retrouvailles :
la construction d'une cause nationale*

La rapidité avec laquelle les élites chinoises se désintéressent de Taïwan après la cession de 1895 en dit long sur l'insuffisance de l'effort pour mieux l'arrimer à l'empire.

L'empire Qing reconnaît la légalité du transfert de souveraineté, à une époque où l'annexion militaire n'a pas encore été mise hors la loi par le droit international (voir le chapitre 7). Plus étonnant, le régime qui lui succède, la République de Chine, malgré le nationalisme qui lui est consubstantiel – les républicains reprochaient à la dynastie étrangère mandchoue de ne pas défendre la Chine –, ne revendique pas davantage le retour de la province perdue. Les raisons en sont multiples : la jeune république reconnaît les engagements internationaux de l'empire ; en outre, aux prises avec de profondes divisions intérieures, elle n'a pas les moyens de chercher noise au Japon. Mais il faut aussi faire sa part à une certaine indifférence. Même le Kuomintang, dont la dénonciation des traités inégaux est un pilier de l'identité politique, déplore la perte de Taïwan sans la penser réversible. Sun Yat-sen, qui à la fin de sa vie recherche le soutien de Tokyo au nom de la solidarité asiatique, n'espère pour l'île qu'un statut d'autonomie au sein de l'Empire japonais. Quant aux Taïwanais qui se mobilisent pour davantage d'autonomie (ou, plus rarement, l'indépendance), ils ne trouvent guère d'appui parmi les figures nationalistes chinoises ; confrontées aux défis de la construction de l'État et du développement économique, ces dernières tendent à regarder Taïwan, quand par fortune elles s'y intéressent, comme un laboratoire de la modernisation en terre culturellement chinoise[7]. Ainsi Chen Yi, le président de la province du Fujian, accepte-t-il en 1935 l'invitation du gouvernement général de Taipei à venir visiter l'exposition organisée pour les quarante ans de l'annexion, vitrine des succès de l'administration coloniale.

À l'époque, on est pourtant entré dans une nouvelle ère des relations sino-japonaises, avec l'invasion de la Mandchourie en 1931, mais autant la récupération du « Nord-Est » est investie d'un puissant affect patriotique qui nourrit le ressentiment antijaponais, autant la perte de Formose semble acceptée de tous – y compris des communistes : ces derniers ne se privent pas d'utiliser la question mandchourienne pour accabler Chiang Kaï-shek, accusé de laisser démembrer son pays, mais ils considèrent implicitement Taïwan comme éligible à l'auto-détermination. En 1936, Mao Zedong déclare au journaliste américain Edgar Snow que la colonie pourra compter sur le soutien d'une Chine libérée de l'impérialisme si elle veut arracher son indépendance au Japon[8]. Enfin, les contacts entre société taïwanaise et société chinoise continentale sont peu nombreux et pas toujours plaisants : dans l'« empire informel » du Japon en Chine du Sud-Est, en particulier dans la province du Fujian, des Formosans utilisent la protection consulaire japonaise pour se livrer à des activités criminelles comme le trafic de drogue ou le proxénétisme, parfois avec le soutien des autorités nippones. À tout prendre, les Taïwanais y sont vus moins comme des compatriotes asservis que comme une cinquième colonne potentielle.

L'attitude du gouvernement chinois à l'endroit de Taïwan change radicalement avec la seconde guerre sino-japonaise de 1937-1945. La conversion se fait en deux temps. Premièrement, à partir de l'invasion de 1937, le gouvernement de Chiang Kaï-shek, qui n'a plus rien à sauver de sa relation avec le Japon, apporte enfin son soutien au mouvement anticolonial formosan – soutien symbolique à une résistance tout aussi symbolique, mais qui marque tout de même la naissance d'une revendication. Deuxièmement et de manière plus décisive, l'attaque japonaise sur Pearl Harbor le 7 décembre 1941 et l'entrée en guerre des États-Unis le lendemain font comprendre à Chiang que les enjeux de la guerre ont changé d'échelle : appuyé sur les Américains (le gouvernement Chongqing ne déclare formellement la guerre au Japon que le 9 décembre 1941), il peut désormais viser non plus seulement un retrait des troupes japonaises de Chine proprement dite et de Mandchourie, mais l'abaissement de la puissance nippone et le démantèlement de son empire colonial. À la conférence du Caire en novembre 1943, qui réunit Roosevelt, Churchill et Chiang, les Alliés apportent leur soutien aux nouveaux buts de guerre chinois. Selon la déclaration qui conclut la conférence le 1er décembre 1943, la République de Chine doit recouvrer « tous les territoires volés aux Chinois par le Japon, tels la Mandchourie, Formose et les Pescadores ». C'est alors – et alors seulement – que se met en place dans le discours officiel chinois le mythe d'une longue attente d'un demi-siècle durant laquelle les Chinois auraient pleuré la perte de leurs compatriotes taïwanais et œuvré pour leur retour dans le giron national. À Chongqing, on se met enfin à planifier une rétrocession à laquelle, dix ans auparavant, personne ne pensait. À la tête de ce travail préparatoire, Chen Yi, dont on juge que le passé au Fujian fait de lui un spécialiste de Taïwan moins illégitime qu'un autre.

Quand le Japon capitule le 2 septembre 1945, la République de Chine a donc une équipe prête à gouverner, même si elle a eu fort peu de temps pour travailler. Chen Yi s'installe dans le palais du gouverneur général japonais. Le premier accueil est enthousiaste. Toutefois, la situation ne tarde pas à se tendre entre la population et ses « libérateurs » : les difficultés économiques d'une Chine ravagée par l'invasion étrangère et la guerre civile, l'autoritarisme de Chen Yi, sa mauvaise gestion plongent les Formosans dans une amère désillusion, aggravée par un véritable fossé culturel. Pendant les cinquante ans qu'a duré la domination japonaise, les Taïwanais sont passés presque entièrement à côté de la construction nationale chinoise moderne. Ils n'ont en commun avec leurs nouveaux concitoyens ni la culture politique, ni la langue « nationale » (le mandarin, fondé sur des parlers du Nord très différents des idiomes utilisés à Taïwan, où la seule langue vraiment commune est le japonais), ni l'expérience de la guerre – quand ils ont combattu, c'est le plus souvent dans l'autre camp, les Japonais ayant recruté environ deux cent mille Formosans dans l'Armée impériale. Le différend s'aggrave du double discours de l'administration chinoise, qui proclame haut et fort que les Taïwanais sont des compatriotes tout en les tenant à l'écart du pouvoir politique au motif de leur japonisation excessive. Il ne faut donc pas grand-chose – un contrôle de police qui tourne mal – pour que la colère explose en février-mars 1947, des Taïwanais se mettant à assiéger les bâtiments officiels et à agresser représentants de l'autorité et Chinois du continent dans toute l'île, qui échappe un moment au contrôle de Chen Yi. Plongé en pleine guerre civile contre les communistes, le gouvernement central règle le problème par la manière forte : il envoie une division d'infanterie écraser le soulèvement, tandis que les services secrets assassinent ou emprisonnent les notables qui ont profité de la crise pour essayer de négocier une marge d'autonomie vis-à-vis du gouvernement central.

Après moins d'un an et demi, le retour dans le giron de la « mère patrie » vire au drame[9].

Peu après, le problème change encore de nature, car il apparaît que le Kuomintang est en train de perdre la guerre civile. Fin 1948, sa défaite ne fait plus guère de doute. Si on ne sait pas précisément quand Chiang Kaï-shek et son entourage optent pour un repli à Taïwan, leurs raisons semblent claires : le détroit les protégera quelque temps des forces du PCC ; quant à l'île, elle a été mise au pas en 1947 et est surtout quasiment vierge de présence communiste. Dans le cours de l'année 1949, par la mer et par l'air, la République de Chine procède donc au transfert à Taïwan de ses institutions, de son armée, d'une partie de son trésor… En tout, 1,5 ou 2 millions de Chinois du continent suivent leur gouvernement, pour une population formosane d'environ 6,5 millions de personnes. Comme pour Zheng Chenggong trois siècles plus tôt, Taïwan devient le refuge d'un pouvoir déchu sur le continent.

Après 1949 : des deux Chine à l'émergence d'une conscience taïwanaise

La situation n'est pas vouée à durer. Il est clair que les forces communistes parviendront tôt ou tard à organiser un débarquement, et le président Truman signale en janvier 1950 qu'il est prêt à abandonner Chiang Kaï-shek, que sa défaite a achevé de discréditer aux yeux de l'administration américaine. Seule l'aggravation de la guerre froide, qui porte bien mal son nom en Asie, sauve ce qui reste de la République de Chine. Quand la Corée du Nord attaque celle du Sud en juin 1950, les troupes chinoises et américaines volent au secours de leurs alliés respectifs et s'affrontent directement. Les partisans du soutien à Chiang et du refus de lâcher un pouce de terrain aux communistes reprennent la main à Washington ; la 7e flotte de la marine de guerre étatsunienne, basée au Japon, s'interpose dans le détroit. Le refuge précaire du Kuomintang vaincu est devenu un sanctuaire[10].

Pour le statut de Taïwan et son rapport à la Chine, cela change tout. Aux yeux des États-Unis et de leurs alliés, qui refusent de reconnaître le régime de Mao, la république sise à Formose (et quelques petites îles environnantes) est la seule Chine légale et légitime, ce qui justifie la conservation de son siège à l'Organisation des Nations unies, et par conséquent au Conseil de sécurité dont elle est membre permanent. C'est aussi la ligne du gouvernement de Taipei, qui se considère en exil intérieur dans l'attente d'une « reconquête du continent » (*fangong dalu*) tombé aux mains de « bandits communistes » (*gongfei*) téléguidés par l'URSS[11]. Ce discours, qui apparaît de plus en plus chimérique à mesure que la RPC se consolide, a une fonction de légitimation internationale, mais il justifie également une dictature impitoyable dans la « Chine libre » (« *Free China* »), telle que le régime de Taipei se présente pendant la guerre froide. La loi martiale, décrétée le 20 mai 1949, est constamment reconduite au nom de la lutte contre la rébellion, tandis qu'on fait la chasse aux espions communistes réels ou supposés. Les députés de l'Assemblée nationale qui ont suivi Chiang voient leur mandat prolongé jusqu'à ce qu'il soit possible d'organiser des élections véritablement nationales (donc *sine die*), puisqu'un vote à l'échelle de Taïwan reviendrait à admettre que le régime est un simple pouvoir local. La même préoccupation, doublée de clientélisme, explique la surreprésentation massive des continentaux dans les positions de pouvoir. Quant aux idiomes locaux, ils sont réprimés au nom de la lutte contre les dialectes et pour l'imposition de la « langue nationale », le mandarin : pour que les prétentions de Chiang aient un sens, Formose doit présenter un visage aussi génériquement chinois que possible. Mieux encore, pour forcer le contraste avec les tendances iconoclastes de la révolution communiste, le régime du Kuomitang s'applique à faire de Taïwan un conservatoire du patrimoine culturel chinois, et mobilise abondamment les références confucéennes.

On tient un langage à peu près symétrique à Pékin : il n'y a qu'un seul gouvernement légitime de la Chine, celui de la RPC, le régime de Chiang étant une simple « clique réactionnaire » aux ordres des Américains. Quant à la province de Taïwan qui souffre sous sa botte, elle est une partie intégrante de la nation chinoise. Le PCC avait opéré un premier revirement pendant l'occupation japonaise, abandonnant son discours sur l'autodétermination de Formose pour en revendiquer la rétrocession, mais celle-ci restait une préoccupation marginale. Désormais, l'île abrite un régime rival soutenu par les Américains, qui y disposent d'une base militaire à partir de 1954 ; elle symbolise en outre l'inachèvement de la victoire communiste de 1949. Les « compatriotes taïwanais » doivent donc être « libérés » de la tyrannie du Kuomintang. C'est ainsi que Taïwan, périphérique sous l'Empire puis la République, devient un problème vital pour les deux nationalismes chinois qui se font face de part et d'autre du détroit. En pratique toutefois, aucun ne peut bouleverser le *statu quo* : Taipei n'a pas les moyens de ses ambitions de reconquête, Pékin ne peut affronter la flotte américaine. La température monte lors des deux premières « crises du détroit » en 1954-1955 et en 1958, mais celles-ci se limitent à de brefs combats sur des îles secondaires et à des échanges de tirs d'artillerie.

La fiction de Taïwan comme « Chine libre » s'érode rapidement dans les années 1970. Le premier coup dur vient en 1971, quand la RPC remplace la République de Chine à l'ONU par suite d'un vote de l'Assemblée générale. Au-delà des sympathisants idéologiques de Pékin (pays communistes, pays nouvellement décolonisés), le monde prend acte de l'enracinement du régime communiste, et les deux pouvoirs chinois refusant le principe de double reconnaissance, il ne peut s'agir que d'un jeu à somme nulle : qui reconnaît Pékin rompt ses relations avec Taipei. Les pays occidentaux eux-mêmes s'y résolvent les uns après les autres : la France transfère sa reconnaissance en 1964, le Japon en 1972. Quant aux États-Unis, leur rapprochement soudain avec la RPC sous Nixon laisse augurer le pire pour Chiang Kaï-shek. Sur ce point, le communiqué conjoint sino-américain du 27 février 1972 est un modèle d'ambiguïté. On y lit que les États-Unis « reconnaissent tous les Chinois de part et d'autre du détroit de Taïwan, maintiennent qu'il n'y a qu'une seule Chine et que Taïwan fait partie de la Chine » et « ne conteste[nt] pas cette position », tout en promettant de retirer leurs troupes de l'île « à mesure que la tension dans la région diminuera » et en réitérant leur attachement à un « règlement pacifique » de la question[12]. La dé-reconnaissance américaine de la République de Chine survient quelques années plus tard, le 1er janvier 1979. Cependant, si l'exécutif américain semble accepter l'interprétation communiste du principe de la Chine unique, le Congrès tempère immédiatement cet abandon en votant le Taiwan Relations Act, qui inscrit dans le marbre législatif le maintien de relations diplomatiques *de facto* et, surtout, le soutien de Washington à Taipei contre toute tentative d'unification « non pacifique » : en pratique, les États-Unis s'engagent à vendre des armes à la République de Chine, et suggèrent – sans se lier les mains – qu'une invasion menacerait suffisamment les intérêts américains pour justifier une intervention militaire. Ce texte, qui définit encore la position américaine sur la question taïwanaise, représente à l'époque une garantie de sécurité suffisante pour Taipei. En revanche, il ne change rien au fait qu'aux yeux des puissances de ce monde et des organisations internationales, le régime basé à Taïwan n'est plus « la Chine ».

Pour compenser cette perte de statut et rééquilibrer ses relations avec l'autre rive, il peut toutefois compter sur sa prospérité nouvelle. Depuis les années 1960, Taïwan participe en effet des « miracles » asiatiques, ainsi qu'on nomme la croissance rapide des économies capitalistes d'Asie orientale (Corée du Sud, Taïwan, Singapour, Hong Kong), où vient s'implanter une partie de la production industrielle mondiale. En 1979, l'île est beaucoup plus riche que la Chine, épuisée par les secousses du maoïsme. Le Comité central dominé par Deng Xiaoping, dont la politique de « réforme et ouverture » suppose des relations pacifiées avec l'Occident et l'accueil de capitaux étrangers, change de ton sur Taïwan, sinon de position. Le mot d'ordre est désormais l'« unification pacifique » (*heping tongyi*), l'option militaire étant présentée comme un dernier recours. Les échéances deviennent floues, Pékin cessant d'exiger le « retour » immédiat de la province perdue – que le PCC n'a jamais gouvernée – et lui proposant désormais le compromis « un pays, deux systèmes » : elle pourra conserver, au sein de la RPC, son système social capitaliste, jouira d'un haut degré d'autonomie et ne sera pas soumise à une occupation militaire. Le Kuomintang refuse la formule, mais le réchauffement est sensible. Les investissements d'entreprises taïwanaises commencent à affluer à la fin des années 1980, tandis que les visites familiales sont autorisées en 1987. Enfin, la libéralisation économique et politique de la Chine populaire dans les années 1980, contemporaine d'un assouplissement considérable de l'autoritarisme à Taïwan, laisse espérer à certains une convergence des deux sociétés.

C'est une illusion. En réalité, les interactions croissantes entre les deux rives sont concomitantes d'une divergence politique qui devient bientôt un gouffre. Après la répression du mouvement de Tian'anmen en 1989, Pékin met fin à toute possibilité de remise en cause de la dictature du Parti. Taïwan connaît une évolution inverse, avec la fin de la loi martiale en 1987 et la tenue des premières élections générales libres en 1989. En outre, l'ouverture du jeu politique conduit à l'affirmation d'un nationalisme formosan rejetant toute identification à la Chine, qu'elle soit communiste ou non. Sous la dictature nationaliste chinoise du Kuomintang, l'indépendantisme taïwanais n'avait pas droit de cité et n'existait que de manière embryonnaire et à l'étranger, au Japon ou aux États-Unis. Dans les années 1970, le vieillissement de l'élite continentale exilée en 1949 (à commencer par Chiang Kaï-shek, mort en 1975 en passant la main à son fils Chiang Ching-kuo) avait contraint le pouvoir à se « taïwaniser », autrement dit à recruter un nombre croissant de cadres dans la population insulaire, entérinant de fait son périmètre étroitement formosan. En parallèle, une certaine libéralisation avait permis à des candidats « hors Parti » de se présenter aux élections locales, menant notamment à la création d'un premier parti d'opposition – illégal mais toléré – en 1986, le Parti démocrate progressiste (PDP), ouvertement indépendantiste.

La démocratisation, parachevée dans les années 1990, conduit donc à une polarisation du champ politique par la question du rapport à la Chine : d'un côté, le camp « bleu » (avec en son cœur le Kuomintang), qui garde la réunification comme horizon ; de l'autre, le camp « vert » à tendance indépendantiste, centré sur le PDP. Or plus le temps passe, plus le second impose ses thèmes ; l'enracinement d'une culture politique taïwanaise, le renforcement d'une singularité formosane stimulé par le renouvellement des générations, le durcissement du régime chinois depuis les années 2010, le démantèlement du compromis « un pays, deux systèmes » à Hong Kong rendent la perspective d'un rattachement à la Chine toujours plus impopulaire. Ce qui se présentait pendant la guerre froide comme un face-à-face entre deux Chine est perçu de manière croissante, à Taïwan, comme une confrontation entre deux pays.

Le PCC en est conscient. S'il peut empêcher Taïwan de déclarer son indépendance – ce serait un *casus belli*, inscrit dans la loi chinoise en 2005 –, ses efforts pour séduire les « compatriotes taïwanais » en leur promettant un siège à la table d'une Chine riche et puissante, qui ont porté quelques fruits dans les années 2000, sont de moins en moins efficaces. Reste l'usage ou la menace de la force. En 1995-1996, pour peser sur la première élection au suffrage universel du président de la République de Chine, la RPC avait tiré des missiles dans ses eaux territoriales sans pouvoir aller plus loin, compte tenu de la supériorité navale américaine. Sa montée en puissance militaire depuis cette époque rend chaque année plus incertaine l'issue d'un tel affrontement, ce que Washington tente de contrebalancer en donnant à Taipei des assurances de sécurité plus explicites. Pour Pékin, l'indépendance *de facto* de Taïwan était devenue le symbole d'une restauration nationale incomplète en 1949, après une longue période de relatif désintérêt des pouvoirs chinois pour l'île ; elle est désormais le point focal de sa lutte pour la prééminence avec la première puissance mondiale.

Conclusion

À l'issue de ce parcours à travers les siècles, on aura donc vu la Chine porteuse d'un antique message universaliste (chapitre 1), pôle structurant d'une Eurasie unie par ses échanges (chapitre 2), centre vertueux de l'Asie orientale (chapitre 3), découvreuse bienveillante du monde (chapitre 4), empire sans domination coloniale (chapitre 5), pays humilié par l'impérialisme pendant un siècle (chapitre 6), nation intrinsèquement pacifique (chapitre 7), championne du « Sud » (chapitre 8) – territoire, enfin, injustement mutilé mais promis à la réunification (chapitre 9). Ce livre s'est attelé à démêler le vrai du faux et du simpliste dans ces mythes, tous censés préparer la Chine à son rôle moteur dans le monde de demain. Mais cette tendance à l'enjolivement n'a rien de particulièrement chinois : elle est le propre de tous les « exceptionnalismes » du monde. Ce qui étonne davantage dans le « grand récit chinois » tel qu'il se présente aujourd'hui est plutôt son assez faible cohérence intérieure ; il s'agit d'ailleurs moins d'un que de plusieurs récits, aux thèmes et aux usages assez divers. D'où certaines contradictions – on mettra l'accent tantôt sur des thèmes anti-occidentaux, tantôt sur une attitude plus œcuménique ; tantôt sur le strict respect de la souveraineté des voisins, tantôt sur la centralité historique de la Chine… D'où, aussi, une assez grande adaptabilité : le thème « asiatiste » est aujourd'hui manié avec prudence ; celui des « routes de la soie » est en perte de vitesse relative, tout comme les projets d'investissement auxquels il est lié ; le tiers-mondisme maoïste, au contraire, fait l'objet d'un réinvestissement vigoureux.

Au-delà de l'idée générale d'une relation « mutuellement bénéfique » avec le reste du monde, on peine donc à trouver un contenu tangible au message universel dont la Chine serait investie au cours de l'Histoire – ce qui serait l'équivalent de la liberté et du droit à la « poursuite du bonheur » pour les États-Unis. Ce flou n'est pas un hasard, car il s'agit moins de proposer *quelque chose* qu'*autre chose*. Dans le nouveau récit que la Chine officielle fait de son rôle dans le monde, le pays est surtout présenté comme l'acteur, depuis l'Antiquité, d'une *mondialisation alternative* à celle précipitée par l'expansion européenne : pacifique plutôt que belliqueuse, bénéfique à tous plutôt que prédatrice, respectueuse des différences plutôt que missionnaire. Le nouvel exceptionnalisme chinois est essentiellement un contre-exceptionnalisme, qui ne prend sens que par contraste avec un Occident peint sous ses couleurs les plus sombres. Il suppose également une opposition binaire Chine/Occident, deux ensembles considérés comme des blocs cohérents : paradoxalement peut-être, le reste du monde fournit essentiellement des personnages secondaires à ce grand récit.

Quelle fortune lui prédire ? La Chine a cette particularité d'être à la fois très présente dans les médias et assez mal connue du grand public. Cette méconnaissance explique en partie l'attrait d'explications faisant appel à des précédents historiques anciens plus ou moins mythifiés : retour d'un empire du Milieu qui se prendrait pour le centre du monde (voire le monde), sens inné de l'ordre et de la paix ancré dans un confucianisme ancestral, revanche sur l'Occident après un « siècle d'humiliation », et autres thèmes dont on pourrait moquer l'orientalisme naïf si des Chinois, à commencer par le régime de Pékin, n'en étaient aujourd'hui les premiers pourvoyeurs. L'idée d'une « voie chinoise » radicalement autre, qui serait un recours contre la mondialisation effectivement existante (présente et passée), garde un attrait dans certains secteurs des opinions occidentales – l'idée d'une alternative chinoise au consensus de Washington a suscité de l'intérêt chez des marxistes orphelins du communisme mais aussi sous d'autres cieux idéologiques, comme chez l'ancien conseiller américain à la sécurité nationale (devenu consultant) Henry Kissinger ou son associé Joshua Cooper Ramo, auteur de la formule « consensus de Pékin » en 2004. On peut prévoir sans trop de risque que la propension à accepter l'histoire « racontée du point de vue chinois », pour paraphraser la formule de Xi Jinping évoquée en introduction, diminuera en Occident avec la dégradation constante des relations sino-américaines, qui entraînent avec elles les relations sino-européennes. Il serait toutefois erroné de réduire le nouvel exceptionnalisme chinois à la seule langue de bois du régime, même s'il y appartient incontestablement. En Chine, il participe d'un imaginaire collectif fortement enraciné, même s'il est loin d'être monolithique. Dans certains pays étrangers, il trouve parfois – et trouvera de plus en plus souvent – un terrain favorable, à la faveur de l'influence économique de la RPC et surtout de la volonté de tourner la page de la mondialisation occidentale. C'est là sans doute son principal ressort : que le grand récit chinois convainque entièrement ou non, il sera toujours un contrepoint possible au récit eurocentré de la modernité.

Notes

Notes de l'introduction, p. 13

1. PCC dans la suite de l'ouvrage.

2. Luuk van Middelaar, *Le réveil géopolitique de l'Europe*, Paris, Collège de France, 2021. Le premier auteur à avoir diagnostiqué une crise des « grands récits » est Jean-François Lyotard dans *La condition postmoderne*, Paris, Éditions de Minuit, 1979.

3. RPC dans la suite de l'ouvrage.

4. François Hartog, *Régimes d'historicité. Présentisme et expériences du temps*, Paris, Seuil, 2003.

5. William Callahan, « Sino-speak: Chinese Exceptionalism and the Politics of History », *The Journal of Asian Studies*, 71(1), 2012 ; Benjamin Ho, *China's Political Worldview and Chinese Exceptionalism: International Order and Global Leadership*, Amsterdam, Amsterdam University Press, 2021.

6. Kang Xiaoguang, « Zhongguo teshulun : dui Zhongguo dalu 25 nian gaige kaifang jingyan de fansi » (« Le particularisme chinois : réflexions sur l'expérience de 25 ans de réforme et ouverture en Chine continentale »), *Aisixiang*, 4 avril 2004.

7. Anne Cheng, « La prétention chinoise à l'universalité », *Esprit*, janvier-février 2020.

8. Sebastian Veg, *Minjian. The Rise of China's Grassroots Intellectuals*, New York, Columbia University Press, 2019.

9. Carl Minzer, « Intelligentsia in the Crosshairs: Xi Jinping's Ideological Rectification of Higher Education in China », *China Leadership Monitor*, 62, 1er décembre 2019.

10. Par exemple John K. Fairbank (dir.), *The Chinese World Order. Traditional China's Foreign Relations*, Cambridge (Mass.), Harvard University Press, 1968.

Notes du chapitre premier, p. 29

1. Ji Zhe, « *Tianxia*, retour en force d'un concept oublié. Portrait des nouveaux penseurs confucianistes », laviedesidées.fr, 5 décembre 2008.

2. Zhao Tingyang, *Tianxia tixi : shijie zhidu zhexue daolun* (Le système *tianxia* : introduction à une philosophie pour des institutions mondiales), Pékin, Presses de l'Université du peuple, 2005 (traduction française : Zhao Tingyang, *Tianxia, tout sous un même ciel*, Cerf, 2018) ; Régis Debray et Zhao Tingyang, *Du ciel à la terre. La Chine et l'Occident*, Paris, Les Arènes, 2014.

3. Léon Vandermeersch, « Rites et droit dans la tradition chinoise », *Le Débat*, 184(2), 2015, p. 161-168.

4. Yang Shao-yun, *The Way of the Barbarians. Redrawing Ethnic Boundaries in Tang and Song China*, Seattle, University of Washington Press, 2019.

5. Ge Zhaoguang, *What is China? Territory, Ethnicity, Culture, & History*, Cambridge (Mass.), Harvard University Press, 2018.

6. Nicola Di Cosmo, *Ancient China and Its Enemies. The Rise of Nomadic Power in East Asian History*, Cambridge, Cambridge University Press, 2002.

7. Mark E. Lewis, *The Early Chinese Empires. Qin and Han*, Cambridge (Mass.), Harvard University Press, 2007, p. 5-11. La référence en français sur cette période est Marianne Bujard et Michèle Pirazzoli-t'Serstevens, *Les Dynasties Qin et Han. Histoire générale de la Chine (221 av. J.-C.-220 apr. J.-C.)*, Paris, Les Belles Lettres, 2017.

8. Michael J. Puett, *To Become a God. Cosmology, Sacrifice, and Self-Divinization in Early China*, Cambridge (Mass.), Harvard University Press, p. 225-258.

9. Michael Loewe, *The Men Who Governed Han China. Companion to A Biographical Dictionary of the Qin, Former Han and Xin Periods*, Leyde, Brill, 2004, p. 421-456.

10. Ge Zhaoguang, *What is China?*, *op. cit.*, p. 38-39.

11. Sébastien Billioud et Joël Thoraval, « La Chine des années 2000 : regards nouveaux sur le politique », *Extrême-Orient Extrême-Occident*, 31(1), 2009, p. 5-31.

Notes du chapitre 2, p. 49

1. Par exemple Bruno Maçães, *Belt and Road. A Chinese World Order*, Londres, Hurst Publishers, 2018.

2. Halford J. Mackinder, « The Geographical Pivot of History », *The Geographical Journal*, avril 1904.

3. Bruno Maçães, *The Dawn of Eurasia. On the Trail of the New World Order*, Londres, Penguin, 2018 ; Yilmaz Serafettin et Liu Changming, « China's "Belt and Road" Strategy in Eurasia and Euro-Atlanticism », *Europe-Asia Studies*, 70(2), 2018, p. 252-276.

4. Valerie Hansen, *The Silk Road. A New History*, Oxford, Oxford University Press, 2012, p. 14.

5. Mark E. Lewis, *China's Cosmopolitan Empire. The Tang Dynasty*, Cambridge (Mass.), Harvard University Press, 2009, p. 150.

6. Valerie Hansen, *The Silk Road*, *op. cit.*, p. 235.

7. Étienne de la Vaissière, *Histoire des marchands sogdiens*, Paris, Collège de France (Institut des hautes études chinoises), 2002.

8. Frantz Grenet, *Recentrer l'Asie centrale*, Leçon inaugurale prononcée le jeudi 7 novembre 2013, Paris, Collège de France, 2014.

9. C'est une thèse centrale de l'ouvrage de Valerie Hansen, *The Silk Road*, *op. cit.*

10. Peter Frankopan, *Les routes de la soie. L'histoire du cœur du monde*, Paris, Flammarion, 2019 (1re édition en anglais 2015), p. 61-83.

11. Jean-Noël Robert (traduction et introduction), *Le Sûtra du Lotus*, Paris, Fayard, 1997.

12. Ge Zhaoguang, *What is China?*, *op. cit.*, p. 44.

13. Frantz Grenet, « La Bactriane et la Sogdiane de part et d'autre de la conquête arabe (VIIe-IXe siècle) : un basculement de civilisation ? », cours du Collège de France, 2019.

Notes du chapitre 3, p. 71

1. Voir par exemple Sven Saaler et Christopher W.A. Szpilman, « Pan-Asianism as an Ideal of Asian Identity and Solidarity, 1850–Present », *The Asia-Pacific Journal*, vol. 9, 17(1), 25 avril 2011.

2. Craig A. Smith, *Chinese Asianism, 1894-1945*, Cambridge (Mass.), Harvard University Press, 2021.

3. Thomas Brisson, *Décentrer l'Occident. Les intellectuels postcoloniaux chinois, arabes et indiens, et la critique de la modernité*, Paris, La Découverte, 2018.

4. Cet usage « anti-hégémonique » de l'asiatisme se trouve aussi chez un intellectuel indépendant comme Wang Hui, « Les Asiatiques réinventent l'Asie », *Le Monde Diplomatique*, février 2005, p. 20-21.

5. Peter C. Perdue, « China and Other Colonial Empires », *Journal of American-East Asian Relations*, 16(1-2), 2009, p. 85-103 : 88.

6. Léon Vandermeersch, *Le nouveau Monde sinisé*, Paris, Presses universitaires de France, 1986.

7. Pierre-François Souyri, *Nouvelle histoire du Japon*, Paris, Perrin, 2010, p. 81-90.

8. Sur ce sujet au Japon, voir Jean-Noël Robert, *La hiéroglossie japonaise*, Leçon inaugurale prononcée le jeudi 2 février 2012, Paris, Collège de France, 2012.

9. Mark E. Lewis, *China's Cosmopolitan Empire, op. cit.*, p. 154.

10. Pour un aperçu des relations coréano-chinoises sur le temps long, voir Samuel Guex, *Au pays du matin calme. Nouvelle histoire de la Corée*, Paris, Flammarion, 2016.

11. Pierre-François Souyri, *Nouvelle histoire du Japon, op. cit.*, p. 91-94.

12. Morris Rossabi (dir.), *China among Equals. The Middle Kingdom and Its Neighbors, 10th-14th Centuries*, Berkeley, University of California Press, 1983.

13. Expression forgée par René Grousset dans son ouvrage classique *L'empire des steppes. Attila, Gengis-Khan, Tamerlan*, Paris, Payot, 1939.

14. Dieter Kuhn, *The Age of Confucian Rule. The Song Transformation of China*, Cambridge (Mass.), Harvard University Press, 2009, p. 20-28.

Notes du chapitre 4, p. 89

1. Liang Qichao, « Zuguo da hanghaijia Zheng He zhuan » (Biographie du grand navigateur national Zheng He), 1905.

2. Le principal promoteur occidental de cette idée est le Britannique Gavin Menzies, qui attribue cet exploit à Zheng He lui-même dans un livre au raisonnement plus que fantaisiste mais qui eut un certain écho en Occident comme en Chine (Gavin Menzies, *1421. L'année où la Chine a découvert l'Amérique*, Paris, Intervalles, 2007 [1re édition en anglais 2002]).

3. Alain Peyrefitte, *L'empire immobile ou le choc des mondes*, Paris, Fayard, 1989.

4. Denis Crouzet, *Christophe Colomb. Héraut de l'Apocalypse*, Paris, Presses universitaires de France, 2018 (1re édition 2006), postface ; pour une présentation synthétique de l'historiographie « décoloniale », voir Alain Policar, *L'inquiétante familiarité de la race. Décolonialisme, intersectionnalité et universalisme*, Lormont, Le Bord de l'eau, 2020.

5. Hum Sin Hoon, *Zheng He's Art of Collaboration*, Singapour, International Zheng He Society, 2012.

6. Le mot est de Pierre Chaunu, *L'Expansion européenne du XIIIe au XVe siècle*, Paris, Presses universitaires de France, 1995.

7. Timothy Brook, *Le léopard de Kubilai Khan. Une histoire mondiale de la Chine*, Paris, Payot, 2019 (1re édition en anglais 2019).

8. Romain Bertrand (dir.), *L'Exploration du monde. Une autre histoire des Grandes Découvertes*, Paris, Seuil, 2019, p. 9-32.

9. Denis Crouzet, *Christophe Colomb*, *op. cit.*, *passim* ; Serge Gruzinski, *Quelle heure est-il là-bas ? Amérique et Islam à l'orée des temps modernes*, Paris, Seuil, 2008.

10. Timothy Brook, *Le léopard de Kubilai Khan*, *op. cit.*, p. 142. Traduction modifiée par l'auteur.

11. Timothy Brook, *Le léopard de Kubilai Khan*, *ibid.*, p. 242-243.

12. Benjamin Elman, *On Their Own Terms. Science in China 1550-1900*, Cambridge (Mass.), Harvard University Press, 2005, p. 190-221.

13. Timothy Brook, *Le léopard de Kubilai Khan*, *op. cit.*, p. 261.

Notes du chapitre 5, p. 109

1. Le cas n'est pas isolé : d'autres États héritiers directs d'empires continentaux, comme la Turquie ou la Russie, réservent la terminologie du « colonial » aux anciens empires ultramarins, celle de l'« empire » tout court étant jugée moins infamante.

2. Hu Lianhe et Hu An'gang, « How the Nationalities Question is Handled Outside of China » (« Guowai shi ruhe chuli minzu wenti de »), *Aisixiang*, 14 novembre 2011, traduit et introduit par David Ownby, en ligne : https://www.readingthechinadream.com/hu-and-hu-nationalities-question.html ; James Leibold, « Hu the Uniter: Hu Lianhe and the Radical Turn in China's Xinjiang Policy », *China Brief*, 18(16), 10 octobre 2018.

3. Pour un bilan d'étape de ce renouvellement, voir Joanna Waley-Cohen, « The New Qing History », *Radical History Review*, 88, hiver 2004, p. 193-206.

4. Peter C. Perdue, *China Marches West. The Qing Conquest of Central Eurasia*, Cambridge (Mass.), Harvard University Press, 2005.

5. Les controverses portent notamment sur le degré de sinisation de la dynastie mandchoue et, de manière plus accessoire, sur le fait que l'expression « pays du milieu » (*Zhongguo* en chinois, *Dulimbai gurun* en mandchou), qu'on traduit aujourd'hui par « Chine », sert parfois dans les documents officiels à désigner l'ensemble du Grand État Qing, et non seulement les provinces ethniquement chinoises. Voir par exemple Bill Hayton, *The Invention of China*, New Haven, Yale University Press, 2020, p. 7-34.

6. Jane Burbank et Frederick Cooper, *Empires. De la Chine ancienne à nos jours*, Paris, Payot, 2011 (1re édition en anglais 2010). Pour un résumé, voir Jane Burbank et Frederick Cooper, « "Nouvelles" colonies et "vieux" empires », *Mil neuf cent. Revue d'histoire intellectuelle*, 27(1), 2009, p. 13-35.

7. Eric Schluessel, *Land of Strangers. The Civilizing Project in Qing Central Asia*, New York, Columbia University Press, 2020.

8. Joseph W. Esherick, « How the Qing Became China », dans Joseph W. Esherick, Hasan Kayalı et Eric Van Young (dir.), *Empire to Nation.*

Historical Perspectives on the Making of the Modern World, Lanham, Rowman and Littlefield, 2006, p. 229-261 : 248.

9. Charles Maier cité dans Peter C. Perdue, « China and Other Colonial Empires », *op. cit.*, p. 102.

Notes du chapitre 6, p. 129

1. Sebastian Veg, « The Rise of China's Statist Intellectuals: Law, Sovereignty, and "Repoliticization" », *The China Journal*, 82, juillet 2019, p. 23-45.

2. State Council Information Office, « The Practice of the "One Country, Two Systems" Policy in the Hong Kong Special Administrative Region », juin 2014 ; Jiang Shigong, « Probing the "Imaginary World" and the "Real World" to Understand the Internal Legal Logic of Hong Kong's National Security Law » (« Chuanxing yu "xiangxiang shijie" yu "zhenshi shijie" lijie Xianggang guojia anquan lifa »), *Bauhinia Magazine*, 1er juin 2020, traduit et introduit par David Ownby, en ligne : https://www.readingthechinadream.com/jiang-shigong-probing-the-imaginary-world.html.

3. Bill Hayton, *The Invention of China*, *op. cit.*, p. 38.

4. Zheng Wang, *Never Forget National Humiliation. Historical Memory in Chinese Politics and Foreign Relations*, New York, Columbia University Press, 2012.

5. John K. Fairbank et Ssu-yü Têng, « On the Ch'ing tributary system », *Harvard Journal of Asiatic Studies*, 6(2), 1941.

6. Timothy Brook, Michael van Walt van Praag et Miek Boltjes (dir.), *Sacred Mandates. Asian International Relations Since Chinggis Khan*, Chicago, University of Chicago Press, 2018, p. 57-89.

7. Peter C. Perdue, « The Tenacious Tributary System », *Journal of Contemporary China*, 24(96), 2015, p. 1 002-1 014.

8. Maria Adele Carrai, *Sovereignty in China. A Genealogy of a Concept Since 1840*, Cambridge, Cambridge University Press, 2019, p. 47-49.

9. Kirk W. Larsen, *Tradition, Treaties, and Trade. Qing Imperialism and Chosŏn Korea, 1850-1910*, Cambridge (Mass.), Harvard University Press, 2008.

10. Gerrit W. Gong, *The Standard of "Civilization" in International Society*, New York, Clarendon Press, 1984.

11. Pär Kristoffer Cassel, *Grounds of Judgment. Extraterritoriality and Imperial Power in Nineteenth-Century China and Japan*, Oxford, Oxford University Press, 2012.

12. Rudolf G. Wagner, « 'Dividing up the [Chinese] Melon, *guafen* 瓜分': The Fate of a Transcultural Metaphor in the Formation of National Myth », *The Journal of Transcultural Studies*, 8(1), 2017, p. 9-122.

13. Maria Adele Carrai, *Sovereignty in China*, *op. cit.*, p. 66-73.

Notes du chapitre 7, p. 151

1. « Peace/和平 », *Decoding China*, en ligne : https://decodingchina.eu/peace/

2. Traduction en anglais des discours de Zheng Bijian sur le sujet en ligne : https://www.brookings.edu/wp-content/uploads/2012/04/20050616bijianlunch.pdf

3. Liu Mingfu, *The China Dream. Great Power Thinking & Strategic Posture in the Post-American Era*, New York, CN Times, 2015 (1re édition en chinois 2010).

4. John K. Fairbank (dir.), *Chinese Ways in Warfare*, Cambridge (Mass.), Harvard University Press, 1974, p. 7.

5. Par exemple Nicola Di Cosmo (dir.), *Military Culture in Imperial China*, Cambridge (Mass.), Harvard University Press, 2009.

6. Mark E. Lewis, « The Han Abolition of Universal Military Service », dans Hans van de Ven (dir.), *Warfare in Chinese History*, Leyde, Brill, 2000, p. 33-75.

7. Oleg Benesch, « The Samurai Next Door: Chinese Examinations of the Japanese Martial Spirit », *Extrême-Orient Extrême-Occident*, 38, 2014, p. 129-168.

8. Erez Manela, *The Wilsonian Moment. Self-Determination and the International Origins of Anticolonial Nationalism*, Oxford University Press, 2007, p. 115.

9. Victor Louzon, « La révolution comme guerre dans la Chine du XXe siècle », dans Bruno Cabanes (dir.), *Une histoire de la guerre. Du XIXe siècle à nos jours*, Paris, Seuil, 2018.

10. Voir par exemple Federica Ferlanti, « The New Life Movement in Jiangxi Province, 1934-1938 », *Modern Asian Studies*, 44(5), 2010, p. 961-1 000.

11. Lei Haizong, *Zhongguo wenhua yu zhongguo de bing*, Shangwu yinshuguan, 2001 (1re édition 1939).

12. En français : Lin Yutang, *La Chine et les Chinois*, Paris, Payot, 1937.

13. Peter C. Perdue, *China Marches West*, *op. cit.*, p. 497-504.

14. Liang Qichao, *Zhongguo shi xulun* (Discussion sur l'histoire de la Chine), 1901.

15. Damien Morier-Genoud, « Écrire l'histoire vis-à-vis de la guerre : postures historiennes, conceptions et récits de l'histoire sous la République de Chine (1912-1949) », *Extrême Orient, Extrême Occident*, 38(2), 2014, p. 170-206 : 195-198.

16. Fu Sinian, « Zhonghua minzu shi zhengg de » (La nation chinoise est unitaire), *Duli pinglun*, 15 décembre 1935.

17. Ge Zhaoguang, *What is China?*, *op. cit.*, p. 88.

18. Elisabeth Forster, « Bellicose Peace: China's Peace Signature Campaign and Discourses about 'Peace' in the Early 1950s », *Modern China*, 46(3), 2020, p. 250-280.

Notes du chapitre 8, p. 171

1. Kevin Rudd, « The Return of Red China. Xi Jinping Brings Back Marxism », *Foreign Affairs*, 9 novembre 2022 ; Alice Ekman, *Rouge vif. L'idéal communiste chinois*, Paris, Flammarion, 2021.

2. Nathan Sperber, « La planification chinoise à l'ombre du capitalisme d'état », *Actuel Marx*, 65(1), 2019, p. 35-53.

3. Dawn C. Murphy, *China's Rise in the Global South. The Middle East, Africa, and Beijing's Alternative World Order*, Stanford, Stanford University Press, 2022.

4. Alice Ekman, *Rouge vif*, *op. cit.*, p. 161-168.

5. Par exemple Lucien Bianco, *La récidive. Révolution russe, révolution chinoise*, Paris, Gallimard, 2014, p. 17-26.

6. William Kirby, « The Internationalization of China: Foreign Relations at Home and Abroad in the Republican Era », *The China Quarterly*, 150, 1997, p. 433-458.

7. Odd Arne Westad, *Restless Empire. China and the World since 1750*, New York, Basic Books, 2012, p. 305.

8. Xu Lanjun, « Translation and Internationalism », dans Alexander C. Cook (dir.), *Mao's Little Red Book. A Global History*, Los Angeles, University of California Press, 2014, p. 76-95.

9. Julia Lovell, *Maoism. A Global History*, Londres, Penguin, 2019, p. 97-100.

10. La dimension raciale de Bandung est implicite mais claire : contrairement à l'URSS, la Chine est une puissance « non blanche ». Cette considération explique aussi l'invitation du Japon, pourtant ancienne puissance coloniale strictement alignée sur les États-Unis dans la guerre froide.

11. Li Zhisui cité dans Julia Lovell, *Maoism*, *op. cit.*, p. 132.

12. Julia Lovell, *Maoism*, *ibid.*, p. 193.

13. Lin Piao, *Vive la victorieuse guerre du peuple !*, Pékin, Éditions en langues étrangères, 1965.

14. Julia Lovell, *Maoism*, *op. cit.*, p. 187.

15. *Ibid.*, p. 202.

16. *Ibid.*, p. 142-143.

Notes du chapitre 9, p. 193

1. « The Taiwan Question and China's Reunification in the New Era », en ligne : https://english.news.cn/20220810/df9d3b8702154b34bbf1d451b-99bf64a/c.html

2. Wen-hsiung Hsu, « From aboriginal island to Chinese frontier: the development of Taiwan before 1683 », dans Ronald G. Knapp (dir.), *China's Island Frontier. Studies in the Historical Geography of Taiwan*, Honolulu, University of Hawai'i Press, 1980, p. 3-29.

3. Emma Jinhua Teng, *Taiwan's Imagined Geography. Chinese Colonial Travel Writing and Pictures, 1683-1895*, Cambridge (Mass.), Harvard University Press, 2006, p. 1-33.

4. Tonio Andrade, *How Taiwan Became Chinese. Dutch, Spanish, and Han Colonization in the Seventeenth Century*, New York, Columbia University Press, 2008.

5. John R. Shepherd, *Statecraft and Political Economy on the Taiwan Frontier, 1600-1800*, Stanford, Stanford University Press, 1993.

6. Robert Gardella, « From Treaty Ports to Provincial Status, 1860-1864 », dans Murray A. Rubinstein (dir.), *Taiwan. A New History*, Armonk (New York), M.E. Sharpe, 2007, p. 163-200.

7. Lee Hsiao-feng, *Tangshan kan Taiwan : 228 shijian qianhou Zhongguo zhishi fenzi de jianzheng* (Taïwan vue depuis la montagne des Tang : témoignages d'intellectuels chinois avant et après l'Incident du 28 février), Taipei, Richuangshe, 2006, p. 12-14.

8. Edgar Snow, *Red Star Over China*, Londres, Victor Gollancz, 1937, p. 102.

9. Victor Louzon, *L'étreinte de la patrie : décolonisation et violence à Taiwan, 1947*, Paris, Éditions de l'EHESS, 2023.

10. Lin Hsiao-ting, *Accidental State. Chiang Kai-shek, the United States, and the Making of Taïwan*, Cambridge (Mass.), Harvard University Press, 2016.

11. Chiang Kaï-shek, *Soviet Russia in China. A Summing-up at Seventy*, New York, Farar, Straus and Cudahy, 1958.

12. « Joint Communique between the United States and China » 27 février 1972, History and Public Policy Program Digital Archive, Nixon Presidential Library and Museum, Staff Member Office Files (SMOF), President's Personal Files (PPF), Box 73. En ligne : https://digitalarchive.wilsoncenter.org/document/121325

Index des noms de personnes

TABLE DES CARTES

Table

PEFC
10-31-1510

Achevé d’imprimer par
Corlet Imprimeur
14110 Condé-en-Normandie

Réalisation : Nord Compo à Villeneuve-d’Ascq
Dépôt légal : avril 2023
ISBN : 979-10-210-5070-9
Numéro d’édition : 4894
Numéro d’impression : 23010182
Imprimé en France